DIE EIGENSCHAFTEN DER MINERALE

DIE EIGENSCHAFTEN DER MINERALE

Ein Lehr- und Hilfsbuch zum Bestimmen von mineralischen Rohstoffen und Kristallformen

I. TEIL

Die äußeren Kennzeichen
insbesondere der erz- und gesteinsbildenden Minerale

Dr. phil. Dipl.-Geologe
ARNO SCHÜLLER
Mineraloge und Petrograph an der
Geologischen Landesanstalt Berlin

AKADEMIE-VERLAG · BERLIN 1950

Erschienen im Akademie-Verlag GmbH., Berlin NW 7, Schiffbauerdamm 19
Lizenz-Nr. 156 · 4996/49-6746/49
Satz und Druck: Leipziger Druckhaus (M 115) in Leipzig
Bestell- und Verlagsnummer 5027/I

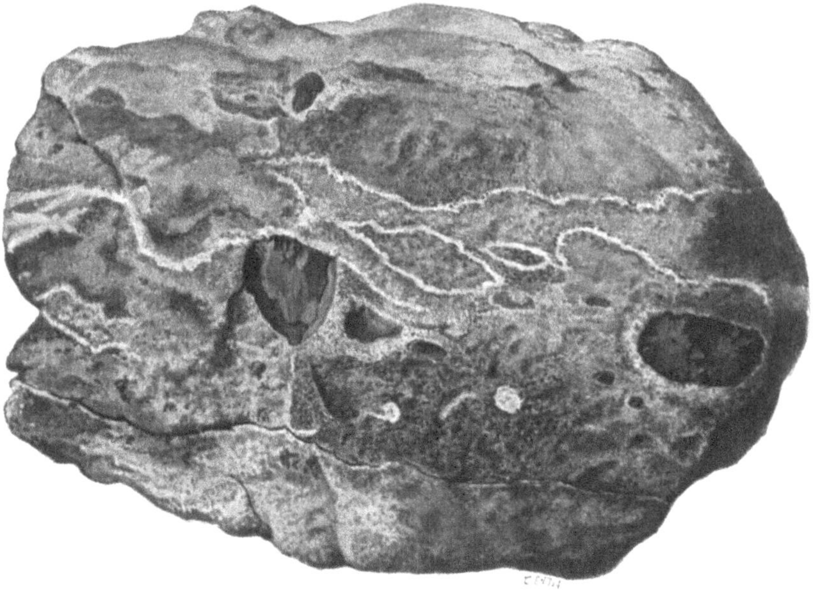

Fig. 1

Uranerze vom Paradox-Valley, Colorado, Amerika
Carnotit (schwefelgelb), *Vanoxit* (braunschwarz)
Tongallen (braun) in Sandstein

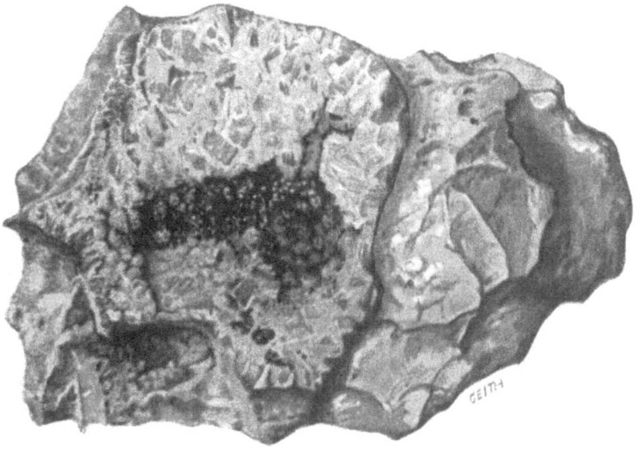

Fig. 2

Uranerze von Shinkolobwe, Katanga, Afrika
Kasolit (ockergelb) mit Kruste von *Torbernit* (grasgrün)
Dewindtit (gelb), *Parsonsit* (braun)

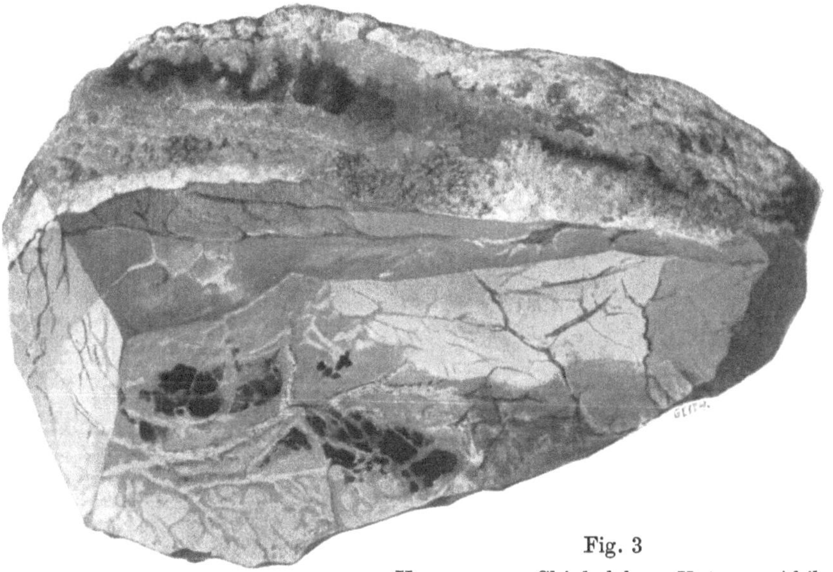

Fig. 3

Uranerze von Shinkolobwe, Katanga, Afrika
Curit (orangerot; Kristalle, dunkel-orangerot)
Kasolit (Kristalle ockergelb), *Parsonsit* (schokoladebraun)
Soddyit (grünlichgelb), *Torbernit* (blaugrün), *Schoepit* (Kristalle, grünlichhellgelb), *Uranpechblende* (vorn; schwarz)

Fig. 4

Uranerze von Shinkolobwe, Katanga, Afrika
Dewindtit (gelb) auf *Torbernit* (grün) mit *Parsonsit* (braunviolett)

INHALTSÜBERSICHT

Seite

Vorwort VII

Einführung 1

Anleitung zum Gebrauch 3
Tab. 1: Die chemischen Elemente 5
Härteskala 6
Symmetrie-Elemente 9
Tab. 2: Die 32 Kristallklassen 12

Zur Orientierung über die Bildung von Minerallagerstätten 17

Chemische Reaktionen 22

Bestimmungstabellen:
I. Metallisch glänzende Minerale 28
II. Halbmetallisch glänzende und nichtmetallisch glänzende Minerale von farbigem Strich 66
III. Nichtmetallisch glänzende Minerale von farblosem Strich . 102

Literaturverzeichnis 168

Register 169

VORWORT

Ein Mineral wird durch sehr verschiedenartige unterscheidende Merkmale charakterisiert: morphologisch nach der Kristallform bzw. der Symmetrie des Raumgitters, physikalisch nach Farbe, Optik, Härte u. a., chemisch in bezug auf seine Zusammensetzung und die chemische Bindung der Elemente. Diese Merkmale sind bei ein und demselben Mineral nicht immer gleich gut zu ermitteln. Ein einfaches zweigabeliges, morphologisches Bestimmungs-Schema, wie es in der Botanik oder in der Zoologie längst entwickelt ist, läßt sich daher für die Mineralbestimmung niemals aufbauen. Je nach der Art und Ausbildung des Minerals wird man verschiedene Wege einschlagen müssen. Mitunter sind umfangreiche geometrisch-kristallographische oder mikroskopisch-optische, chemisch-analytische oder röntgenographische Untersuchungen notwendig. Anderseits läßt sich oft durch eine einfache physikalische Bestimmung eine chemisch komplizierte Verbindung sicher nachweisen. Jeder, der Minerale kennenlernen will, muß aber zunächst einmal damit anfangen, den hier gebotenen Stoff mit den vorgeschlagenen o. ä. Verfahren an Hand der Sammlung und im Gelände zu studieren.

Verfasser schließt an das an der Bergakademie Freiberg alterprobte dreigliedrige System (WEISSBACH-KOLBECK) an und stellt als Bestimmungsgruppen auf: metallähnliche (vorwiegend sulfidische und oxydische Erze), salzartige gemeinglänzende (vorwiegend Steine und Erden aufbauende Minerale) und halbmetallisch glänzende (Zwischengruppe durchscheinender Minerale).

Neuartig ist eine quantitative Darstellung, wie sich die 10 systematischen Mineralklassen an diesen 3 Gruppen beteiligen. Rund 450 Minerale werden beschrieben. Im Gegensatz zu den meisten Bestimmungsbüchern wird die chemische Charakteristik der Minerale nicht mehr auf das „Verhalten vor dem Lötrohr" u. ä. beschränkt. Vielmehr werden für 19 Elemente chemisch qualitative Nachweise angeführt, die ohne komplizierte Operationen, durch einfache Lösungsverfahren und unmittelbare, spezifische Reaktionen auch im kleinsten Korn oder auf dem Anschliff das Erkennen der chemischen Zusammensetzung ermöglichen. Hierfür werden sowohl Schmelzreaktionen (vor dem Lötrohr) wie auch metallorganische Reaktionen (Tüpfelreaktionen) einbezogen.

Es wird Wert darauf gelegt, den Blick von der handwerklichen Bestimmungsarbeit bereits auf die kristallchemischen sowie die großen geologischen und geochemischen Zusammenhänge zu richten, unter denen ein Mineral als natürliche, stabile chemische Verbindung auf der Lagerstätte vorkommt und gebildet wurde. Knappe, einführende Kapitel, z. B. „Zur Orientierung über die Bildung von Minerallagerstätten", sollen dem Verständnis der Angaben über Vorkommen und Begleiter in den Tabellen dienen. Diese geologischen Angaben sind bei der Bestimmung als Auswahlprinzip nützlich zu verwenden.

Seit der letzten Hälfte des vorigen Jahrhunderts hatten die Mineralbestimmungsbücher die Aufgabe, dem Aufblühen des Bergbaues in den europäischen und außereuropäischen Ländern Rechnung zu tragen und die Kenntnis der Rohstoffe für Eisen und Buntmetalle zu fördern. Heute verlangen die verfeinerten Ansprüche der chemischen Industrie und der Metalltechnik einerseits die Kenntnisse der Rohstoffe der selteneren Elemente als Metallveredler (z. B. Beryllium, Niob) und der Stand der Forschung über strukturchemische und geochemische Zusammenhänge andererseits die Kenntnis der selteneren Minerale (z. B. Daubréelith).

Der I. Teil enthält neben den wirtschaftlich wichtigsten anorganischen Rohstoffen auch diejenigen gebräuchlichen gesteinsbildenden Minerale, denen der Praktiker und Sammler heute im Bergbau, im Steinbruch und in den öffentlichen Sammlungen begegnet. Es soll zuerst ein Hilfsmittel für den Studenten und für die praktische Untersuchung geboten werden. Vielfach sind auch die selteneren Phosphate, Arsenate u. a. aufgeführt, da sie als „Hutminerale" dem prospektierenden Geologen Hinweise auf eine in der Tiefe verborgene Lagerstätte geben können.

Im II. Teil, „Mineralchemische Tabellen und chemische Nachweisverfahren", werden für 45 chemische Elemente vollständige Minerallisten, spezifische chemische Nachweisreaktionen und auch für die seltensten Minerale der Lagerstättentypus aufgeführt. Diese Tabellen sollen dem Fachmann und Liebhaberspezialisten eine vollständige Bestimmungshilfe bieten, im Umfang entsprechend den „Mineralogischen Tabellen" von H. Strunz (1941), die lediglich röntgenkristallographische und kristallchemische Daten enthalten.

Im III. Teil werden für die Zwecke der Mineralbestimmung zahlreiche Fotos von schönen Stufen sowie Kristallzeichnungen die Formenwelt der Kristalle zur Darstellung bringen.

Lehrbücher wie Niggli-Weber, Klockmann-Ramdohr, Schmidt-Baier, C. W. Correns, P. Eskola, um nur die neuesten und besten in deutscher Sprache zu nennen, seien für ein tieferes Verständnis zum Studium empfohlen (siehe Literaturverzeichnis). Ausführliche und vorzügliche Anleitung für das chemische Arbeiten findet man bei W. Biltz (1949), eine Einführung in die Kristallographie bei F. Rinne (1922) oder Raaz-Tertsch (1939).

Wertvolle Anregungen und Unterlagen verdankt Verf. den Vorbildern dieses Buches aus älterer und neuerer Zeit, die im Literaturverzeichnis aufgeführt sind. Mit einem einzelnen dieser Hilfsbücher gelingt es aber nur in besonderen Fällen, etwa einen mineralischen Rohstoff oder einen Kristall mit Sicherheit zu bestimmen. Entweder reichen die chemischen Angaben und Bestimmungsmethoden nicht aus oder es mangelt an den nötigen kristallographischen Daten über die äußere Form und die Symmetrieeigenschaften der Minerale. Das pädagogisch verständliche Streben des akademischen Lehrers, mit einer einzigen Methode, etwa der Ermittlung der Schmelzbarkeit oder der Dichte oder der Härte und Farbe oder dem Verhalten vor dem Lötrohr oder allein mit chemischen Verfahren ein durchgreifendes Bestimmungssystem zu schaffen, erschwert gerade dem Anfänger und Nichtfachmann die Arbeit und entmutigt diejenigen, die ohne Anleitung ein sicheres Ergebnis erzielen wollen. Demgegenüber sind erfahrungsgemäß die Fachleute, die Minerale bestimmen, beweglich in der Methode, da sie alle zur Verfügung stehenden Mittel kennen und die geeignetsten jeweilig auswählen können.

Es ist mir eine angenehme Pflicht, Herrn Prof. Dr. Ramdohr dafür zu danken, daß er mir die Neuauflage seines Lehrbuches der Mineralogie vor dem Erscheinen zur Verfügung gestellt hatte, so daß es mir möglich war, die neueste, besonders die amerikanische Literatur einzuarbeiten. Auch zur Zeit des Druckes hat mich Herr Prof. Ramdohr mit Rat und Tat unterstützt. Während meiner Tätigkeit an der Bergakademie Freiberg konnte ich im Institut für Lagerstättenkunde und im Mineralogischen Institut mit freundlicher Erlaubnis der Herren Prof. Dr. Schumacher, Prof. Dr. Schlossmacher und Prof. Dr. Leutwein die schönen und vollständigen Sammlungen benützen.

Die Zeichnungen wurden dankenswerterweise von Herrn Thiem-Berlin ausgeführt, die farbigen Aquarelle von Herrn Geith in Leipzig.

Berlin, im April 1950 — Arno Schüller

EINFÜHRUNG

Motto: Der Naturforscher hat festzustellen, was ist und wie es ist. Die Tatsachen zu erklären — d. h. sie in ursächlichen Zusammenhang zu stellen oder als Kette zeitlicher Aufeinanderfolge zu verknüpfen — ist nicht immer möglich und sofort notwendig. Allein aber aus der Erkenntnis der Zusammenhänge erwächst uns die Herrschaft über die Materie.

Die röntgenographische Untersuchung des Feinbaues von natürlichen Kristallen hat uns in den letzten beiden Jahrzehnten ganz ungeahnte Fortschritte und Sicherheit in der Kenntnis des chemischen Aufbaues der Minerale gebracht. Die Zusammenhänge zwischen Atombau und der äußeren Erscheinung der Kristalle waren zwar in groben Zügen bereits vor der Entdeckung der Röntgenstrahlen durch die Forschung der klassischen Mineralogie und Kristallographie erkannt worden. Begriffe wie Isomorphie, Isotypie, Polymorphie waren bereits definiert. Aber erst jetzt übersieht man die gesetzmäßigen Zusammenhänge zwischen Chemismus, räumlichem Aufbau im Inneren und der äußeren Gestalt. Es sind die Ergebnisse eines weiten Forschungsfeldes, um die sich in gleicher Weise Physiker und Chemiker neben Mineralogen verdient gemacht haben. Aus der Art, dem Mengenverhältnis, der Größe, Form und Anordnung der Feinbausteine sind uns nicht nur vielfach die Bildungsbedingungen des *Einzelkristalles* verständlich, sondern aus den geochemischen Verteilungsgesetzen der chemischen Elemente im Erdkörper sind auch die Vorgänge der Entstehung ganzer *Mineralaggregate* als Gestein oder als Mineral- und Erzlagerstätte unserer Einsicht erschlossen und sogar durch das physikalisch-chemisch durchdachte Experiment nachahmbar und beweisbar geworden. Es muß uns mit Achtung erfüllen, daß diese neuen Wissenschaftsgebiete der Mineralchemie, die sich bereits jetzt von einer ungeheuren praktischen Bedeutung für das tägliche Leben des Menschen erwiesen haben, fast ganz das Werk einiger weniger Forscher und ihrer Schulen sind, im besonderen V. M. GOLDSCHMIDTS, des Schöpfers der quantitativen Geochemie und der Kristallchemie (Oslo-Göttingen-Oslo, 1920 bis 1947), P. NIGGLIS (Zürich-Leipzig-Tübingen-Zürich, seit 1916) und N. L. BOWENS, des Begründers der experimentellen Petrologie, der das Werden der magmatischen Gesteine, die Reaktionen und Differentiationen ihrer mineralischen Bestandteile im Laboratorium an silikatischen Schmelzen erforscht (Washington, Geophysical Laboratory Carnegie Institution; Chicago, seit 1913).

Infolge dieser begeisternden Einsicht in die mathematische Struktur des Aufbaues und in die Grundprinzipien der Vorgänge der Entstehung unseres anorganischen Erdkörpers trat das Interesse des Mineralogen und Kristallphysikers an der äußeren Erscheinung, des Chemikers und Hüttenmannes an dem natürlichen Verhalten seiner einzelnen Forschungsobjekte und Rohstoffe vielfach zurück. Die Freude und der ästhetische Genuß an der Schönheit der Farbe und den wunderbar ebenmäßigen Kristallformen der Minerale sind fast ganz das Reich — und der Reichtum — der Liebhaber und Sammler geworden, die es im vorigen Jahrhundert so zahlreich auch unter den eigentlichen Fachleuten gab.

ANLEITUNG ZUM GEBRAUCH DIESES BUCHES

Unser Ziel ist, Minerale *ohne* Anwendung des Polarisationsmikroskopes für durchfallendes oder auffallendes Licht zu bestimmen, da dann kostspielige Apparate und langwierige sachliche und arbeitstechnische mineralogisch-kristallographische Schulung nicht erforderlich sind.

Für viele Minerale indessen, besonders für die nichtmetallisch glänzenden und durchsichtigen, wie z. B. die Silikate (soweit sie ohne Kristallformen vorliegen), ermöglicht eine polarisationsmikroskopische Untersuchung das Bestimmen rascher und sicherer. Hierfür gibt es viele vorzügliche, meist umfangreiche Werke, wie Rosenbusch-Wülfing-Mügge (1922 bis 1927), Winchell (1922—1933), Larsen-Berman (1934). Aufs wärmste möchte Verfasser die vorbildlichen kleinen Tabellen von de Jong (1940) empfehlen.

Komplexe Erze oder die vielphasigen hüttenmännischen, mineralischen Zwischenprodukte verlangen erzmikroskopische Untersuchung. Hierfür ist das Lehrbuch der Erzmikroskopie von Schneiderhöhn-Ramdohr (1931) unentbehrlich, ein in der Weltliteratur einzigartiges Werk, das an Vollständigkeit und Klarheit der Angaben über physikalische, chemische und optische Eigenschaften der Erze sowie über Vorkommen und Entstehung alle anderen übertrifft. Derartige Untersuchungen sind sowohl in bezug auf Ausbildung als auch auf Zeitaufwand nicht dem Praktiker, dem Bergmann, dem Hüttenmann, dem prospektierenden Geologen zuzumuten, sondern bleiben Aufgabe des Spezialisten.

Allerdings muß man sich völlig darüber klar sein, daß für eine sichere Diagnose eine *chemische Prüfung meist unerläßlich* ist. Der Bestimmung der äußeren Kennzeichen muß (fast immer) ein qualitativ-chemisches Nachweisverfahren einzelner charakteristischer Elemente folgen, die erst im II. Teil vollständig zusammengestellt sind.

Für Erzminerale, soweit sie ohne Mikroskop und Aufbereitung als homogene, einheitliche Körner zu isolieren sind, genügen meist die einfachen Schmelzreaktionen mit dem Lötrohr. Diese Methode haben nicht nur erfahrenste Erzmikroskopiker bis in die neueste Zeit angewendet, sondern sie wird auch von den besten analytischen Chemikern (z. B. Biltz, Böttger, Vortmann u. a.) immer wieder empfohlen. Andererseits ist es bei dem heutigen Stand der analytischen Lösungsreaktionen, nach dem Ausbau der mikrochemischen Formreaktionen (Behrens-Kley, Geilmann u. a.) und neuerdings durch die mikrochemischen Farbreaktionen mittels organischer Metallverbindungen (Tüpfelreaktionen von Feigl, Leitmeier u. a.) weder nötig noch ratsam, darüber hinaus das Lötrohrverfahren auch auf die große Gruppe der nichtmetallisch glänzenden Minerale auszudehnen.

Die qualitativ-chemischen Nachweisverfahren sind in folgender Weise gegliedert:

1. Schmelzreaktionen (Lötrohrverfahren).
2. Formreaktionen (mikrochemische Reaktionen).
3. Farbreaktionen (Tüpfelreaktionen).
4. Analytische Nachweise (Fällungsreaktionen u. a.).
5. Spektralreaktionen (Flammenfärbung).

Den hier vorliegenden Tabellen seien folgende Erläuterungen vorangestellt:

1. Durch **Fettdruck** sind die gebräuchlichsten Minerale und Rohstoffe hervorgehoben, die der Student kennenlernen sollte, weil er als Chemiker, Hüttenmann, Bergmann und Geologe in der Praxis mit ihnen in Berührung kommt.

2. Die Gliederung der Minerale in **3 Hauptgruppen**

a) metallisch glänzende,

b) halbmetallisch glänzende und nichtmetallisch glänzende mit farbigem Strich,

c) nichtmetallisch (gemein) glänzende mit farblosem Strich

entspricht in erster Annäherung einer „natürlichen" chemischen Mineralsystematik. Sie ist aus der bergbaulichen Praxis entstanden und hat sich in der Praxis bewährt. Sie lehrt die „metallartigen" und die „salzartigen" Minerale, die „Erze" von den „Gesteinsmineralen" unterscheiden.

Der Anteil der Mineralklassen in jeder der 3 Hauptgruppen ist graphisch vor jeder Gruppe dargestellt. In dem ebenfalls vorangestellten Inhaltsverzeichnis (Suchtafel) findet man die jeweilige *Bestimmungs*-**Untergruppe**

a) bei den metallisch glänzenden nach der Farbe,

b) bei den halbmetallisch und nichtmetallisch glänzenden nach der Strichfarbe,

c) bei den nichtmetallisch glänzenden mit weißem Strich nach der Härte.

Die weitere Untergliederung erfolgt in den ersten beiden Gruppen nach der Härte, wobei chemisch Zusammengehöriges möglichst eng in der Reihenfolge der Systematik aneinandergerückt wurde.

Nach dem Bedürfnis der praktischen Lagerstättenkunde und aus Gründen der Paragenese sind, anders als in der Kristallchemie üblich, von den Sulfaten und Phosphaten getrennt, die als metallische Rohstoffe wichtigen Verbindungen des Vanadium, Chrom, Molybdän, Wolfram, Uran zusammengefaßt worden.

3. Als **Mineralnamen** werden fast ausschließlich die verwendet, die H. STRUNZ in seinen mineralogischen Tabellen 1941 als gültig herausgearbeitet hat. Vielfach sind die in der amerikanischen Literatur gebräuchlichen Namen angeführt, da von dort heute die Pionierarbeit in der systematischen Mineralogie geleistet wird. Die Abkürzung *var.* bedeutet *Varietät* innerhalb einer Mineralgruppe; eine solche weist gegenüber dem Typus nur geringe Änderung in der chemischen Zusammensetzung, Farbe, physikalischen Eigenschaft ohne wesentliche Veränderung im Bau des Kristallgitters auf. Änderungen im Bau des Kristallgitters bei gleicher chemischer Zusammensetzung heißen *Modifikationen* (z. B. Opal-Quarz-Tridymit-Cristobalit).

4. Die **Mineralformeln** sind die kristallchemisch und röntgenographisch begründeten, vorwiegend wie sie H. STRUNZ (1941) in seinen mineralogischen Tabellen gesammelt oder aufgestellt hat. Die Formeln der gebräuchlichsten Minerale sind außerdem in die einzelnen Oxyde zerlegt (nach dem Worte „*oder*"), da sie für manchen sich leichter im Gedächtnis einprägen und die scheinbaren molekularen Verhältnisse verdeutlichen. Es muß aber betont werden, daß derartige abgeschlossene Moleküle besonders in den Silikaten, aber auch bei den meisten anderen Mineralen (im Gegensatz zu den Kohlenstoffverbindungen) nicht vorhanden sind. Formeln nach „*bzw.*" geben eine aus der chemischen Analyse errechnete mögliche Zusammensetzung an. Formeln, die durch „*bis*" oder „×" verbunden sind, sollen eine kontinuierliche Mischkristallbildung innerhalb der angegebenen Grenzen zum Ausdruck bringen.

5. Das *alphabetische Verzeichnis der chemischen Elemente* (Tabelle 1) dient dem Lesen der chemischen Formeln, aus denen man mit Hilfe der Atomgewichte exakt die **Metallgehalte** der einzelnen Rohstoffe errechnen kann. Diese Metallgehalte sind vielfach unter den Mineralnamen in Gewichtsprozenten beigefügt. Man kann sie leicht mit dem Rechenschieber selbst ermitteln, z. B. für Zinkspat:

Element	Atomgewicht	Zinkgehalt
Zn	65,38	65,38 : 125,39 = 52,1 Gew.-% Zn
C	12,01	(S. 128)
O_3	48,00	
	125,39	

Eine Erzlagerstätte kann niemals höheren Metallgehalt besitzen als das reine Erzmineral!

6. Die **Farbe** eines Minerals ist nur für die metallisch glänzenden einigermaßen konstant. Für die nichtmetallisch und halbmetallisch glänzenden kann sie in weiten Grenzen schwanken. Außer Eigenfarben und Reflexionsfarben besitzen Minerale auch solche, die durch mikroskopisch oder übermikroskopisch feine Beimengungen entstehen, die in dem wachsenden Kristall eingeschlossen oder bei der Abkühlung aus dem Kristallgitter entmischt wurden (gefärbte Minerale). Die **Farbe** der metallisch glänzenden Minerale ist **am frischen Bruch zu bestimmen**; bei ihnen darf man sich nicht durch Anlauffarben der Oberflächenhaut täuschen lassen, sie sind unter der Abkürzung *anl.* (anlaufend) oder *angel.* (angelaufen) aufgeführt. Ein Wechsel der Farbe mit der Richtung (Pleochroismus), wie ihn fast alle farbigen Minerale unter dem Mikroskop aufweisen, kann man bei gewöhnlicher Betrachtung nur selten erkennen, z. B. bei Axinit, Alexandrit u. a. (Dichroismus).

7. Der **Strich** gibt die Farbe des Mineralpulvers an, das auf einer weißen Platte aus Hartporzellan „ausgestrichen" wurde.

8. **Glanz** und **Durchsichtigkeit.** Minerale mit Metallglanz sind meist undurchsichtig (*opak, undsicht., unds.*). Halbmetallisch und diamantglänzend sind

Tabelle 1 (zum Lesen der chemischen Formeln und zum Errechnen der Metallgehalte)

Die chemischen Elemente in alphabetischer Reihenfolge

	Symbol	Ordnungszahl	Atomgewicht		Symbol	Ordnungszahl	Atomgewicht
Actinium . . .	Ac	89	227,0	Natrium	Na	11	22,997
Aluminium . . .	Al	13	26,97	Neodym	Nd	60	144,27
Americium . . .	Am	95	(241)	Neon	Ne	10	20,183
Antimon	Sb	51	121,76	Neptunium . . .	Np	93	(238)
Argon	Ar	18	39,944	Nickel	Ni	28	58,69
Arsen	As	33	74,91	Niob	Nb	41	92,91
Astatin (Ekajod)	At	85	(211)	Osmium	Os	76	190,2
Barium	Ba	56	137,36	Palladium . . .	Pd	46	106,7
Beryllium . . .	Be	4	9,01	Phosphor . . .	P	15	30,98
Blei	Pb	82	207,21	Platin	Pt	78	195,23
Bor	B	5	10,82	Plutonium . . .	Pu	94	(239)
Brom	Br	35	79,916	Polonium	Po	84	210,0
Cadmium	Cd	48	112,41	Praseodym . . .	Pr	59	140,92
Calcium	Ca	20	40,08	Protaktinium . .	Pa	91	231
Cäsium	Cs	55	132,91	Quecksilber	Hg	80	200,61
Cassiopeium . .	Cp	71	174,99	Radium	Ra	88	226,05
Cer	Ce	58	140,13	Radon	Rn	86	222
Chlor	Cl	17	35,457	Rhenium . . .	Re	75	186,31
Chrom	Cr	24	52,01	Rhodium	Rh	45	102,91
Curium	Cm	96	(242)	Rubidium . . .	Rb	37	85,48
Dysprosium . .	Dy	66	162,46	Ruthenium . . .	Ru	44	101,7
Eisen	Fe	26	55,85	Samarium . . .	Sm	62	150,43
Ekajod (s. Astatin)	—	—	—	Sauerstoff . . .	O	8	16,0000
				Scandium . . .	Sc	21	45,10
Erbium	Er	68	167,2	Schwefel	S	16	32,066
Europium . . .	Eu	63	152,0	Selen	Se	34	78,96
Fluor	F	9	19,00	Silber	Ag	47	107,880
Francium . . .	Fr	87	(223)	Silicium	Si	14	28,06
Gadolinium	Gd	64	156,9	Stickstoff . . .	N	7	14,008
Gallium	Ga	31	69,72	Strontium . . .	Sr	38	87,63
Germanium . .	Ge	32	72,60	Tantal	Ta	73	180,88
Gold	Au	79	197,2	Technecium . .	Tc	43	(99)
Hafnium	Hf	72	178,6	Tellur	Te	52	127,61
Helium	He	2	4,003	Terbium	Tb	65	159,2
Holmium . . .	Ho	67	164,94	Thallium	Tl	81	204,39
Illinium	Il	61	(147)	Thorium	Th	90	232,12
Indium	In	49	114,76	Thulium	Tm	69	169,4
Iridium	Ir	77	193,1	Titan	Ti	22	47,90
Jod	J	53	126,92	Uran	U	92	238,07
Kalium	K	19	39,096	Vanadium . . .	V	23	50,95
Kobalt	Co	27	58,94	Wasserstoff . .	H	1	1,0080
Kohlenstoff . .	C	6	12,010	Wismut	Bi	83	209,00
Krypton	Kr	36	83,7	Wolfram	W	74	183,92
Kupfer	Cu	29	63,54	Xenon	X	54	131,3
Lanthan	La	57	138,92	Ytterbium . . .	Yb	70	173,04
Lithium	Li	3	6,940	Yttrium	Y	39	88,92
Magnesium . . .	Mg	12	24,32	Zink	Zn	30	65,38
Mangan	Mn	25	54,93	Zinn	Sn	50	118,70
Molybdän . . .	Mo	42	95,95	Zirkonium . . .	Zr	40	91,22

dunkelfarbige Minerale, wie z. B. Zinnstein; diese zeigen gelegentlich in dünnen Splittern, gegen das Licht gehalten, rote und gelbe Farben (durchscheinend, *dsch.*). Nichtmetallisch-diamantglänzend sind außer Diamant solche mit Schwermetallatomen (z. B. Cerussit). Nichtmetallisch glänzende mit weißem Strich sind meist durchsichtig (*ds.*, *dsicht.*, wie Fensterglas) oder durchscheinend (*dsch.*, wie Mattglas) und weisen auf: Glasglanz (Bergkristall, Topas), Perlmutterglanz (Glanz an Spaltflächen, z. B. Glimmer, Apophyllit), Fett- oder Harzglanz (Milchquarz, Monazit) oder sind seidigglänzend (faserige Minerale, z. B. Chrysotil, gelegentlich Malachit).

9. Die **Härte** wird als Ritzhärte auf der Kristallfläche eines Vergleichsminerales festgestellt, wie sie Mohs im Jahre 1812 in einer Skala von 10 Mineralen vorgeschlagen hat. Nach einiger Übung kann man die Härte auch gefühlsmäßig an dem Kraftaufwand messen, den man beim Ritzen mit dem Messer braucht. Die Bestimmung der Härte ist der zweite wichtige Schritt, der sorgfältig ausgeführt werden muß.

Man achte bei der Härtebestimmung **darauf, daß man** ein einheitliches, **reines**, nicht mit anderen Mineralien verwachsenes Korn eines Kristalles und **frisches Material verwende!** Den Ritz mit der Lupe prüfen!

Härteskala nach Mohs.

Härte	1	Talk	(vom Fingernagel schabbar),
„	2	Steinsalz	(vom Fingernagel geritzt),
			Messingnadel,
„	3	Kalkspat	
			Eisennagel,
„	4	Flußspat	
			Fensterglas,
„	5	Apatit	Taschenmesser,
„	6	Orthoklas	
„	7	Quarz	
			Feile,
„	8	Topas, Beryll,	
„	9	Korund,	
„	10	Diamant.	

Oft genügt zur sicheren Unterscheidung von zwei ähnlichen Mineralen die Bestimmung der Ritzhärte (Kupferkies: Pyrit). Diese mineralogische Härteprüfung, die sich seit 100 Jahren ausgezeichnet bewährt hat, ist nicht in Beziehung zu setzen mit den in der Metallkunde üblichen Kegel- oder Kugeldruck-Härteprüfungen (nach Brinell oder Rockwell), weil in Metallen ganz andere Bindungsverhältnisse und Ladungsverteilungen der Feinbausteine vorliegen als in den Mineralen.

Die Härte ist ein Ausdruck der kristall*chemischen* Eigenschaften des Gitters (vgl. S. 8) insofern, als mit zunehmender Valenz der Elemente die Radien der

Feinbausteine kleiner werden und daher die Packungsdichte des Gitters größer wird, wobei die Härte ansteigt.

Minerale (mit gleicher Kristallstruktur) aus Elementen, die im Periodensystem links stehen, sind demnach im allgemeinen weicher als die rechts von ihnen, Steinsalz (NaCl) = 2, Periklas (MgO) = 6. Dichteste kubische oder hexagonale Kugelpackungen wie bei Metallen, dichteste Sauerstoffpackungen wie bei Metalloxyden und oxydischen Erzen oder Silikaten mit Inselstrukturen erzeugen hohe Härten. Eine Auflockerung des Kristallgitters, d. h. eine Zunahme des Abstandes der Gitterbausteine hat eine Erniedrigung der Härte zur Folge, z. B. Bromellit (BeO) $H = 9$, $a_0 = 2{,}69$ Å; Zinkit (ZnO) $H = 4^1/_2 - 5$, $a_0 = 3{,}24$ Å. Die dichtgepackten Anionengerüste werden durch Einlagerung großer Kationen, wie z. B. Ca^{2+}, aufgeweitet, z. B. Forsterit ($Mg_2[SiO_4]$) $H = 6$—7, $a_0 = 5{,}99$ Å; Monticellit ($CaMg[SiO_4]$) $H = 5$—$5^1/_2$; $a_0 = 6{,}37$ Å. Unterschiede der Packungsdichte mit der Richtung, wie sie besonders in vielen tafelig spaltenden Mineralen auftritt (Disthen), erzeugen Härteunterschiede in Abhängigkeit von der Richtung innerhalb desselben Kristalls.

Früher wurde außerdem in Ergänzung zur Härteprüfung die *Tenazität* der Minerale bestimmt, indem man mit dem Messer eine Kante schnitt und die Unterschiede: spröd — mild — geschmeidig — dehnbar feststellte und prüfte, ob es biegsam — elastisch sei. Dieses Verhalten wird bei den Metallen als Bearbeitbarkeit, spanabhebender Widerstand, Dehnbarkeit usw. bezeichnet und ist physikalisch zur Zeit eine kaum faßbare Größe. Ihre Kenntnis ist jedoch bei der mechanischen Aufbereitung von Erzen und anderen mineralischen Rohstoffen von Bedeutung. Sie ist hier nur in einigen Fällen als charakteristisches Unterscheidungsmerkmal aufgeführt, z. B. Fahlerz — Kupferglanz; Kupferkies — Pyrit; Rotnickelkies — Wismut.

10. Eine kristallchemisch der Härte recht ähnliche Größe ist die **Dichte** (in g / cm³ gemessen). Ihre Kenntnis ist wichtig für das Verhalten eines Minerals bei der technischen und natürlichen (Seifen) Aufbereitung. U. U. ist sie für die Berechnung der Kristallstruktur erforderlich. Im allgemeinen steigt die Dichte mit der Härte (siehe mineralchemische Tabellen im II. Teil). Sind die Gitterbausteine dicht gepackt, herrschen hohe Dichte und Härte (z. B. Diamant $H = 10$, $D = 3{,}5$), bestehen weite Abstände, dann liegen beide Werte niedrig (z. B. Graphit $H = 1{,}5$, $D = 2$). Minerale aus Elementen mit hohen Atomgewichten besitzen hohe Dichte, nichtmetallisch glänzende weisen eine Dichte gewöhnlich von 2,6—3,5, metallisch glänzende meist über 5 auf.

Die Bestimmung der Dichte erfolgt mit einer Torsions-Feinwaage nach Bermann (1939) oder mit der Westphalschen Waage, dem Pyknometer, nach der Schwebemethode in Flüssigkeiten bekannter Dichte und röntgenographisch aus der Strukturbestimmung. Man braucht sie nur selten in unserem Arbeitsgang auszuführen.

11. Unter **Spaltbarkeit** gibt man die Symbole der Flächen (Millersche Indizes, s. Erläuterungen zum III. Teil) an, nach denen beim Zerschlagen oder Zerdrücken das Mineral zerteilt, „gespalten“ werden kann. Die Angabe mehrerer Symbole bedeutet, daß das Mineral nach mehreren Richtungen zu Spaltkörpern

bestimmter Form zerspringt, gewöhnlich besteht je nach der Richtung eine verschieden gute Spaltbarkeit. Meist sind diese Spaltflächen mikroskopisch oder mit der Lupe als feine gerade Linien schon vorher erkennbar. Es wird unterschieden: sehr gut, gut, schlecht, sehr schlecht. Viele Minerale zerbrechen ausschließlich oder in gewissen Richtungen mit unebenem, unregelmäßigem, „muschligem“ Bruch. Ein Mineral spaltet nach den Ebenen schwacher „chemischer“ Bindung, bzw. zwischen den weiten Abständen der Netzebenen im Kristallgitter. Die Netzebenen selbst sind am dichtesten mit Bausteinen belegt, so daß innerhalb der Ebene die Hauptbindungen, d. h. die kürzesten, festesten Bindungen liegen.

12. Von den Symmetrie-Eigenschaften der **Kristall-Formen** sind aufgeführt: Kristallsystem, Pseudosymmetrie, Habitus, GROTHsche Klasse, Raumgruppe.

Alle gut ausgebildeten Kristalle zeigen gesetzmäßige Wiederholung ihrer Flächen und damit eine bestimmte Symmetrie, auf Grund der sie sich in **32 geometrische Kristallklassen** (nach GROTH) gruppieren lassen (Tabelle 2 sowie Fig. 6). Die Kristallklasse konnte an vielen Mineralen mangels guter und flächenreich entwickelter Kristalle noch nicht ermittelt werden. Für die Mineralbestimmung braucht man nur 16 GROTHsche Klassen zu kennen, da die übrigen fast nur an künstlichen Kristallen verwirklicht sind (Anzahl in Tabelle 2). Die hochsymmetrischen (holoedrischen oder prismatischen) Klassen sind die häufigsten. Sie entsprechen dem Bestreben der Feinbausteine nach einer dichtesten Kugelpackung (wie sie die meisten Metalle aufweisen) als Gitterträger bzw. Hauptgitterträger. Aus diesem Grunde sind auch die Scheinsymmetrien (Pseudosymmetrien) fast ausschließlich pseudokubisch und pseudohexagonal (Abk. *ps.*-).

Die Klassen können nach ihren gemeinsamen Merkmalen, vornehmlich in bezug auf ihre Hauptsymmetrieachsen, zu **7 Kristallsystemen** zusammengefaßt werden. Man kann auch jedes Kristallsystem durch ein *Achsenkreuz* charakterisieren, das man sich als Koordinatensystem der Flächen in den Kristall hineindenkt. Aus der Länge der Achsenabschnitte leiten sich die *Symbole der Flächen* ab.

Diese äußeren Symmetrieeigenschaften sind ein vereinfachtes Abbild der inneren Symmetrie, der Struktursymmetrie, des Feinbaues des Kristallgitters. Ein Kristallgitter ist ein Punktgitter, das nach den 3 Richtungen des Raumes in periodischer Wiederholung aus Ionen bzw. Atomen aufgebaut wird („dreidimensionales periodisches Diskontinuum“). Die Möglichkeiten der Anordnung der chemischen Feinbausteine erschöpfen sich in 230 Raumgruppen. Diese **230 Raumgruppen** haben SCHOENFLIES (1891; 1923) und FEDOROW (1887) gruppentheoretisch schon vor der Entdeckung der Röntgenstrahlen aus der Kombination der 3 Grob-Symmetrie-„Elemente“ (Symmetriezentrum, Symmetrieachse, Symmetrieebene) (Fig. 1) und von 2 Fein-Symmetrie-„Elementen“ (Schraubenachse, Gleitspiegelebene) als die einzig möglichen errechnet. Die Symbole nach SCHOENFLIES werden neuerdings, besonders im englischen Schrifttum, durch die „internationale Nomenklatur“ ersetzt, die sich an Vorschläge von HERMANN-MAUGUIN anschließt (Tabelle 2).

Symmetrie-Ebene	Drehungsachsen				Drehspiegelachsen		
	2 zählig Digyre	3 zählig Trigyre	4 zählig Tetragyre	6 zählig Hexagyre	Symmetrie-Zentrum 2 zählig Digyroide	4 zählig Tetra-gyroide	6 zählig Hexa-gyroide
m	2	3	4	6	$\bar{1}$	$\bar{4}$	$\bar{6}$

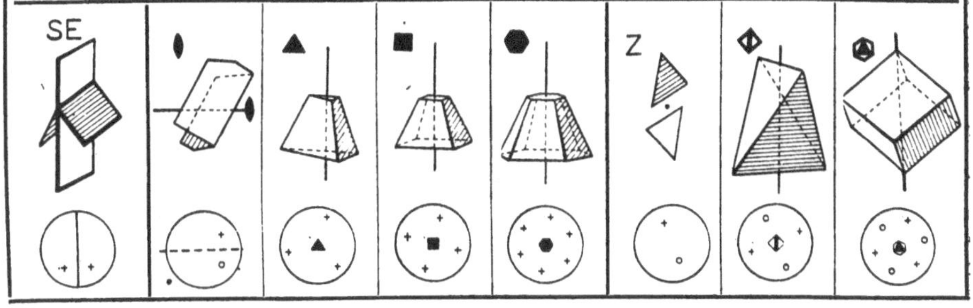

Fig. 1. Die Symmetrie-Elemente

Vorerst soll die Tabelle 2 ermöglichen, die Angaben bei den einzelnen Mineralen im Kristallsystem und in der Kristallklasse einzuordnen. Zur Erläuterung der angewendeten Begriffe sei wenigstens noch folgendes hinzugefügt (vgl. III. Teil sowie die angeführte Spezialliteratur S. 168).

Es ist nicht immer leicht, einen Kristall, selbst einen flächenreichen, in das richtige Kristallsystem einzuordnen; gelingt es, so hat man eine wichtige Auswahl für das weitere Bestimmen getroffen. Bevorzugte Ausbildung einer Fläche kann nämlich dazu führen, daß verzerrte Formen scheinbar ganz anderer Art entstehen (z. B. verzerrte Oktaeder beim Magnetit, Fig. 2). Infolge von Verzwillingung kann höhere Symmetrie vorgetäuscht werden (z. B. pseudohexagonale Säulen des rhombischen Aragonit). Meist erkennt man aber Zwillinge am einspringenden Winkel (z. B. Schwalbenschwanz von Gips, Visiergraupen des Zinnstein). Man muß daher lernen, weniger auf die Gestalt als vielmehr auf die Wiederholung der Winkel oder die Gleichartigkeit der Flächen zu achten. Deren Symmetrie-Eigenschaften sind zu analysieren. Wer die Kristalle in der Aufsicht (Kopfbild) und von der Seite zeichnet, wird leichter zum Ziel gelangen. Fig. 3 zeigt Beispiele, wie man an Kopfbildern von Kristallen die Symmetrie-Eigenschaften ermitteln und daraus das Kristallsystem bzw. die -klasse ableiten kann. Man suche die Beispiele der Fig. 3 in Fig. 6 auf!

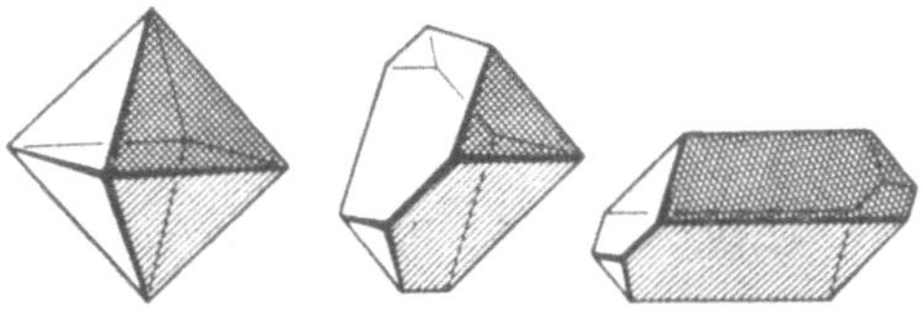

Fig. 2
3 kubische Oktaeder: isometrisch, taflig-verzerrt, säulig-verzerrt

I. Kristallformen, die etwa gleichmäßig ohne bevorzugte Richtung entwickelt sind („isometrisch", „regulär") gehören meist dem kubischen Kristallsystem an. Die kubischen Kristallklassen sind u. a. am auffälligsten gekennzeichnet durch 4 Raumdiagonalen eines Würfels, die 3zählige Achsen sind (Fig. 6). Meist treten hier einfache geometrische Körper wie Würfel, Oktaeder, Rhombendodekaeder, Pyramidenwürfel, Ikositetraeder auf (Fig. 4). 20% der aufgeführten Minerale sind kubisch (über Anzahl vgl. weiterhin Tabelle 2).

II. Kristalle mit einer ausgeprägten Längsrichtung gehören meist zum hexagonalen, trigonalen, tetragonalen oder rhombischen Kristallsystem (Fig. 5). Hexagonale Kristalle besitzen 6seitige Querschnitte (6zählige Hauptachse), trigonale dreiseitigen (3zählige Hauptachse) oder zweimal dreiseitigen Querschnitt (ditrigonal), tetragonale einen quadratischen

Beispiele für die Ermittlung der Symmetrie-Eigenschaften
an „Kopfbildern“ von Kristallen zur Bestimmung des Kristallsystems und der — Klasse
(nach E. Schiebold)

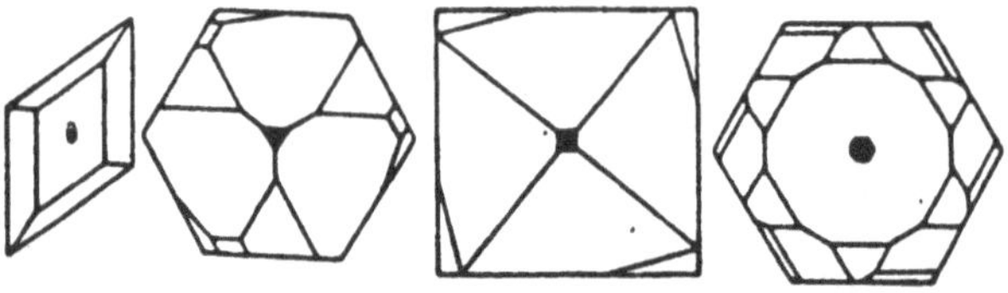

a

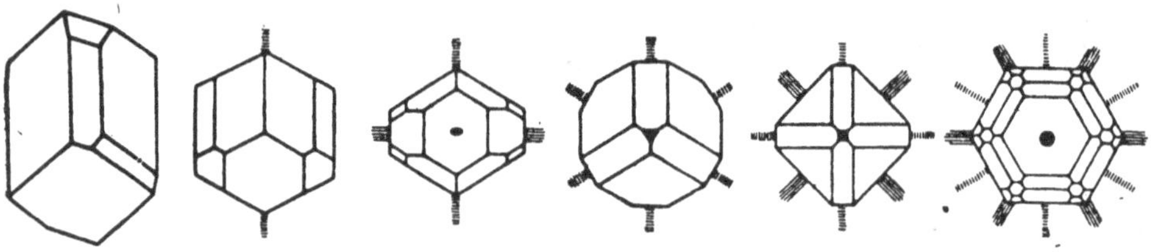

b

Fig. 3

a) mit 2-, 3-, 4- und 6zähligemDrehungsrhythmus
b) mit 0, 1, 2, 3, 4 und 6 vertikalen Symmetrie-Ebenen (schraffiert); zugleich Beispiele für triklines (*Axinit*), monoklines (*Hornblende*), rhombisches (*Topas*), trigonales (*Turmalin*), tetragonales (*Zinnstein*) und hexagonales (*Beryll*) Kristallsystem.

(Mit freundlicher Erlaubnis der Akademischen Verlagsgesellschaft, Leipzig, aus Staude, Physikalisch-chemisches Taschenbuch I (1948) entnommen.)

(4zählige Hauptachse), rhombische den Querschnitt eines Rhombus mit zwei 2zähligen Achsen (Fig. 3). Vielfach sind die einfachen Schnittformen durch symmetrisch angelegte, zusätzliche Flächen geknickt (z. B. Turmalin, Topas).

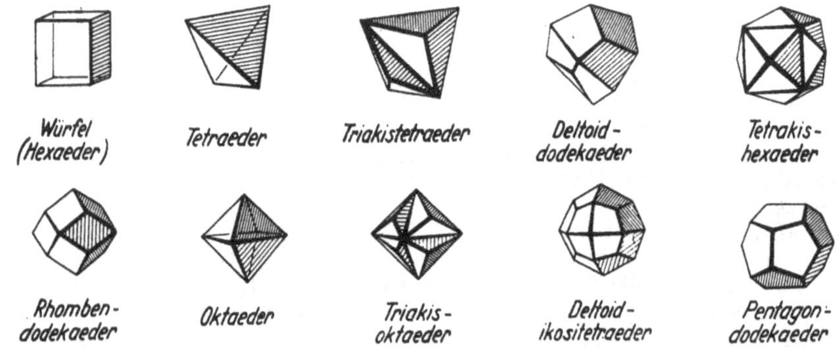

Fig. 4
Die kubischen „einfachen“ Kristallformen

Die Gestalten der Kristalle sind säulig, pyramidal oder auch taflig mit kurzer Hauptachse.

Das trigonale System kann auf ein hexagonales oder rhomboedrisches Achsenkreuz bezogen werden. Das Rhomboeder, ein auf eine Ecke gestellter und etwas breitgedrückter Würfel, ist besonders charakteristisch (Fig. 1, 6).

Das rhombische Kristallsystem zeichnet sich außerdem durch drei verschieden lange Achsen aus, die rechtwinklig aufeinanderstehen. Weiterhin treten meist 3 Spiegelebenen auf, die durch je zwei solcher Drehungsachsen gelegt werden können. 26% aller Minerale kristallisieren in diesem System.

III. Die bisher aufgeführten Kristallsysteme haben senkrecht aufeinanderstehende Achsen; Spiegelebenen liegen senkrecht oder parallel zu ihnen (Fig. 3 und 6). Beim monoklinen System ist eine Achse geneigt. Jedoch ist die Neigung oft gering. Die Querschnitte gleichen meist dem rhombischen, tetragonalen oder hexagonalen System. Bei genauerem Zusehen findet man jedoch nur eine 2zählige Achse oder eine Symmetrieebene oder beide, senkrecht aufeinander stehend. 29% aller Minerale sind monoklin; es ist das am häufigsten vertretene Kristallsystem.

Beim triklinen System fallen Drehungsachsen und Spiegelebenen weg, es verbleibt nur das Symmetriezentrum. Alle Kanten stehen schiefwinklig aufeinander (Fig. 3).

In Fig. 6 sind für alle 32 Kristallklassen die Symmetrie-Eigenschaften zusammengestellt, wie man sie beim Betrachten des Kopfbildes eines Kristalles als Schema aufzeichnen kann. Ein dicker Kreis bedeutet eine Symmetrieebene senkrecht zur Hauptachse, eine dicke Linie eine senkrechte Symmetrieebene, die der Hauptachse parallel geht.[1] Die Hauptachse (Längsachse) steht senkrecht auf dem Mittelpunkt des Kreises; die Drehungsachsen sind nach den Symbolen der Fig. 1 eingetragen. Vom Kristall ist nur eine, zur Hauptachse beliebig **schräg** liegende Fläche dargestellt und in bezug auf ihre symmetrische Wiederholung verfolgt worden. Die Fläche (Pol der Fläche) ist als Kreuz markiert, wenn sie über der Zeichenebene liegt, als Kreis, wenn sie darunter liegt. Der links daneben stehende geometrische Körper stellt die „allgemeine Form" dar, die sich aus einer solchen symmetrischen Wiederholung einer einzigen, beliebig schräg zu den Achsen und Symmetrieelementen liegenden Fläche ergibt. Nach der „allgemeinen Form" bezeichnete P. Groth die Kristallklasse.

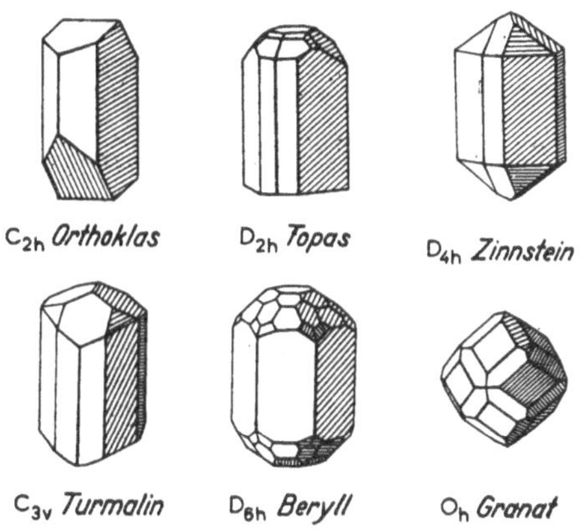

Fig. 5

Wichtige Minerale als Beispiele für das monokline, rhombische, tetragonale, trigonale, hexagonale und kubische Kristallsystem

Die Symbole nach Schoenflies sind Abkürzungen für folgende, die Kristallklasse charakterisierende Symmetrie-Eigenschaften: C = cyklisch, Drehungsachse, die Zähligkeit wird als Index angegeben: C_2, C_3, C_4, C_6. C_1 hat nur eine 1zählige Symmetrieachse, also kein Symmetrieelement. C_i hat nur ein Inversions-Zentrum. C_s bedeutet: nur eine Spiegelebene. D = Digyre = 2zählige Achse, d. h. senkrecht zu einer Hauptachse stehen weitere 2zählige Achsen. S = Sphenoid (*Keil*), ein Flächenpaar, das durch eine 2zählige Achse ineinander übergeführt werden kann. O = Oktaeder, T = Tetraeder, h = horizontale, d = diagonale, v = vertikale Symmetrie-Ebenen. Die zu einer Klasse gehörigen Raumgruppen werden durchnummeriert und als Index (erhöhte Zahl) geschrieben.

13. Liegen die Kristalle nicht freigewachsen und einzeln ausgebildet vor (idiomorph – in eigener Gestalt), sondern als **Aggregate**, dann verlieren sich die schönen, ebenen Flächen, das Mineral wird „derb" und bildet ein „Gestein" oder „Erz". Vielfach weisen solche Aggregate eigene Formen auf, sind plattig, krustig, pulvrig, ästig, drahtförmig, dünn angeflogen, und ihre Struktur (Form und Größe der einzelnen Minerale) ist körnig, dicht (sehr feinkörnig), blättrig, strahlig, faserig usw.

14. **Ähnliche Minerale**, die bei flüchtiger Betrachtung sehr leicht verwechselt werden können, sind in einer besonderen Spalte aufgeführt. Meist genügt zur

[1] nicht hervorgehoben bei C'_{4h}, V_h sowie T_d, O_h.

Die Symmetrie der 32 Kristallklassen
an 1 Kristallfläche „allgemeiner Lage“ entwickelt (vgl. Tab. 2)

(Haupt)-Drehungs-Achse	+ Symmetrie-Zentrum	+ 2zählige Drehungsachse	+ Symmetrie-Ebene	+ Symmetrie-Ebene + 2zählige Achsen

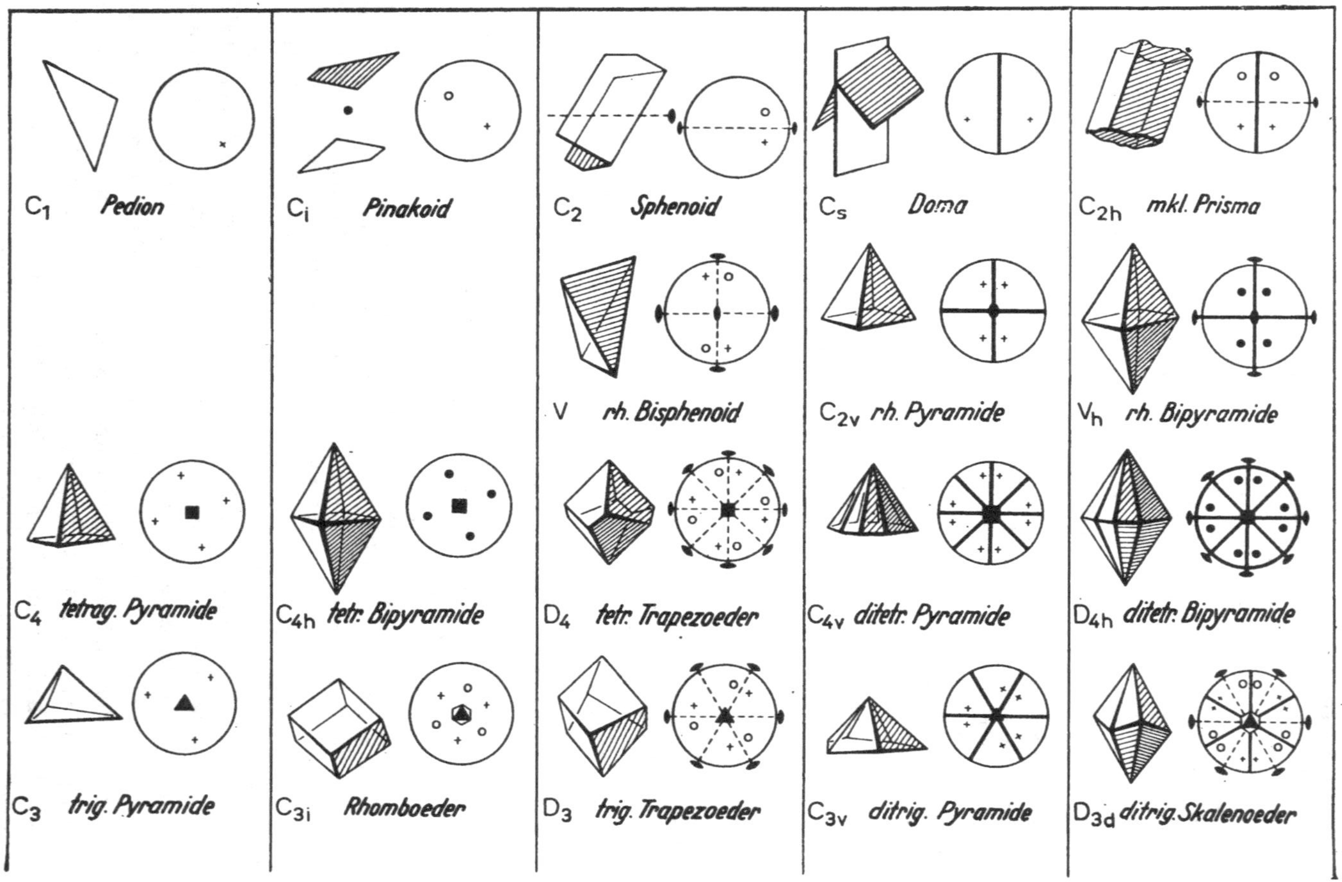

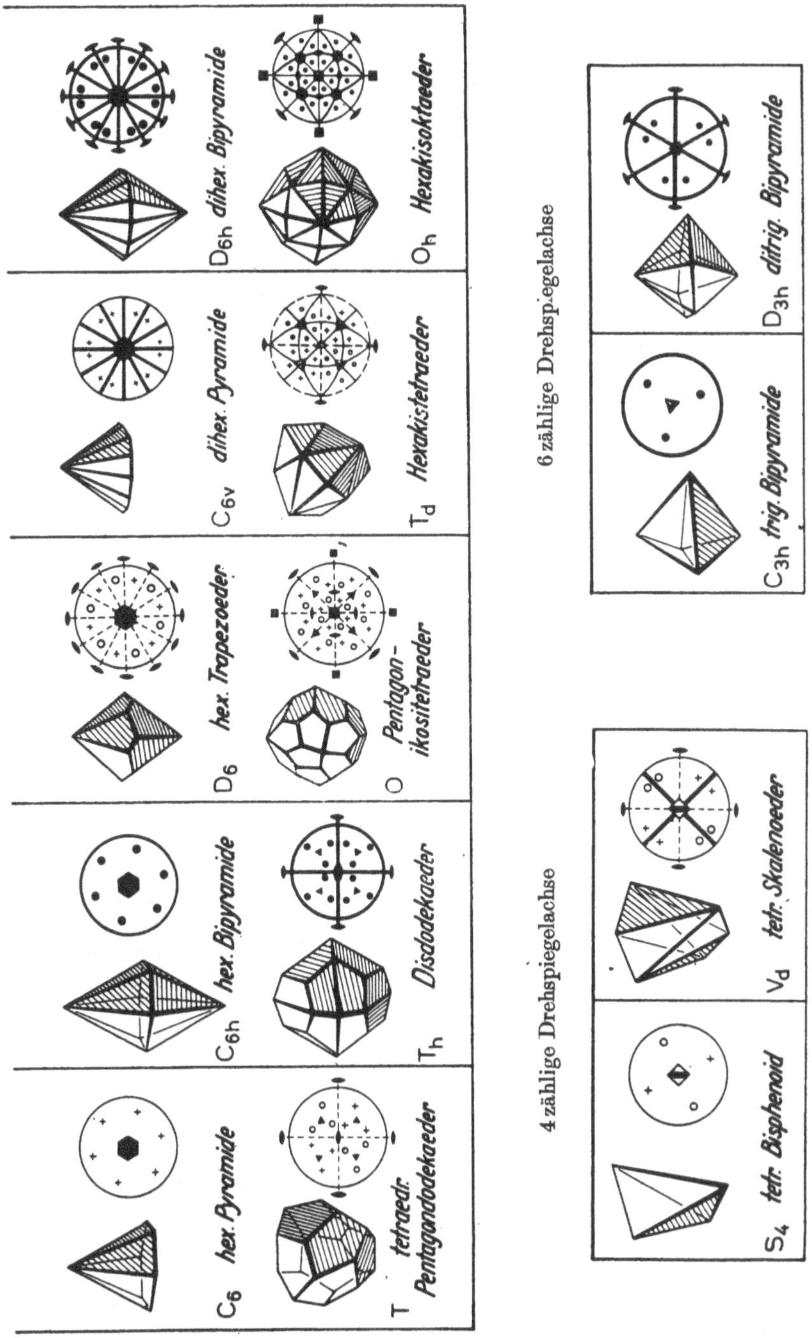
C_6 hex. Pyramide
C_{6h} hex. Bipyramide
D_6 hex. Trapezoeder
C_{6v} dihex. Pyramide
D_{6h} dihex. Bipyramide
T tetraedr. Pentagondodekaeder
T_h Disdodekaeder
O Pentagon-ikositetraeder
T_d Hexakistetraeder
O_h Hexakisoktaeder
6 zählige Drehspiegelachse
C_{3h} trig. Bipyramide
D_{3h} ditrig. Bipyramide
4 zählige Drehspiegelachse
S_4 tetr. Bisphenoid
V_d tetr. Skalenoeder

Fig. 6

Tabelle 2

(vgl. Fig. 6)

Symbole und Namen der 32 Kristallklassen

(mit Angabe der Anzahl der aufgeführten Vertreter)

Kristall-System	Anzahl	Klasse			
		Symbole			Name nach GROTH
		SCHOENFLIES	HERMANN-MAUGUIN: Vollständig	HERMANN-MAUGUIN: Gekürzt	
1. Triklin	0	C_1	1	1	Triklin pedial
	14	C_i, (S_2)	$\bar{1}$	$\bar{1}$	Triklin pinakoidal
2. Monoklin	2	C_s, (C_{1h})	m (= $\bar{2}$)	m	Monoklin domatisch
	2	C_2	2	2	Monoklin sphenoidisch
	110	C_{2h}	$2/m$	$2/m$	Monoklin prismatisch
3. Rhombisch	7	C_{2v}	$2\,m\,m$	$m\,m$	Rhombisch pyramidal
	3	D_2, (V)	2 2 2	2 2 2	Rhombisch disphenoidisch
	80	D_{2h}, (V_h)	$2/m\ 2/m\ 2/m$	$m\,m\,m$	Rhombisch dipyramidal
4. Tetragonal	1	S_4	$\bar{4}$	$\bar{4}$	Tetragonal disphenoidisch
	1	C_4	4	4	Tetragonal pyramidal
	6	C_{4h}	$4/m$	$4/m$	Tetragonal dipyramidal
	4	D_{2d}, (V_d)	$\bar{4}\,2\,m$	$\bar{4}\,2\,m$	Tetragonal skalenoedrisch
	1	C_{4v}	$4\,m\,m$	$4\,m\,m$	Ditetragonal pyramidal
	5	D_4	4 2 2	4 2	Tetragonal trapezoedrisch
	19	D_{4h}	$4/m\ 2/m\ 2/m$	$4/m\ m\ m$	Ditetragonal dipyramidal
5. Rhomboedrisch (Trigonal)	0	C_3	3	3	Trigonal pyramidal
	5	C_{3i}, (S_6)	$\bar{3}$	$\bar{3}$	Trigonal rhomboedrisch
	5	C_{3v}	$3\,m$	$3\,m$	Ditrigonal pyramidal
	3	D_3	3 2	3 2	Trigonal trapezoedrisch
	22	D_{3d}	$\bar{3}\ 2/m$	$\bar{3}\,m$	Ditrigonal skalenoedrisch
6. Hexagonal	0	C_{3h}	$\bar{6}$	$\bar{6}$	Trigonal dipyramidal
	2	C_6	6	6	Hexagonal pyramidal
	4	C_{6h}	$6/m$	$6/m$	Hexagonal dipyramidal
	1	D_{3h}	$\bar{6}\,2\,m$	$\bar{6}\,2\,m$	Ditrigonal dipyramidal
	4	C_{6v}	$6\,m\,m$	$6\,m\,m$	Dihexagonal pyramidal
	1	D_6	6 2 2	6 2	Hexagonal trapezoedrisch
	15	D_{6h}	$6/m\ 2/m\ 2/m$	$6/m\ m\ m$	Dihexagonal dipyramidal
7. Kubisch (Regulär)	3	T	2 3	2 3	Tetraedrisch-pentagon-dodekaedrisch[1])
	9	T_h	$2/m\ \bar{3}$	$m\,3$	Disdodekaedrisch[2])
	14	T_d	$\bar{4}\,3\,m$	$\bar{4}\,3\,m$	Hex(akis)tetraedrisch
	0	O	4 3 2	4 3	Pentagonikositetraedrisch[3])
	55	O_h	$4/m\ \bar{3}\ 2/m$	$m\,3\,m$	Hex(akis)oktaedrisch

[1]) auch Tetartoidisch, Hemigyroedrisch

[2]) auch Diploidisch

[3]) auch Gyroidisch, Gyroedrisch

Unterscheidung die Ritzhärte, oft ein einfacher chemischer Nachweis eines einzigen charakteristischen Metalles (bei durchsichtigen Mineralen der Unterschied in der Lichtbrechung).

15. In der letzten Rubrik ist die **Verwendung** des Minerals als wichtiger Rohstoff angegeben sowie sein **„Vorkommen"** und seine **„Begleiter"**. Durch Lagerstättencharakter und Paragenese (*paragenesis gr. zugegen sein*) sollen die natürlichen Entstehungsbedingungen der Minerale gekennzeichnet werden. Meist sind nur die Begleiter aufgeführt, mit denen das Mineral in einer „Stufe" vereinigt sein kann. Es ist versucht worden, nach den in der Literatur oft sehr lückenhaften Angaben den Lagerstättentypus für jedes Mineral aufzustellen. Für die selteneren geschieht dies im II. Teil.

Es sind nach dem Vorkommen 11 Gruppen zu unterscheiden:

Die magmatischen Mineralbildungen

(1) in magmatischen Tiefengesteinen und ihren Hohlräumen (liquidmagmatische), z. B. in Granit, Syenit, Gabbro,

(2) in Pegmatiten und Gängen in magmatischen Gesteinen, z. B. Granitpegmatiten, Alkalipegmatiten,

(3) pneumatolytische
(4) pyrometasomatische („kontaktmetamorphe" mit wesentlichen Stoffzufuhren)
} z. B. in Imprägnationen, Lagern, Skarnbildungen, Gängen, Verdrängungen,

(5) hydrothermale (aszendente, von unten aufsteigende) in Erzgängen, Klüften, Verdrängungen, Imprägnationen,

(6) in vulkanischen Gesteinen, ihren Hohlräumen und Einschlüssen, z. B. Porphyr, Trachyt, Andesit, Basalt, in Solfataren und Exhalationsprodukten.

Die sedimentären Mineralbildungen

(7) Verwitterungsbildungen und Neubildungen in Böden (insbesondere Phosphate, Arsenate, Vanadate; Ton-, Bauxit-, Chlorit-Minerale),

(8) chemisch-sedimentäre und biochemisch-sedimentäre (insbesondere Karbonate, Halogenide, Schwermetallsulfide, Eisen- und Manganoxyde bzw. Hydroxyde),

(9) sekundäre in sedimentären Gesteinen und ihren Lagerstätten (lateralsekretionäre, deszendente in Klüften, Rissen und Imprägnationen).

Die metamorphen Mineralbildungen

(10) in kontaktmetamorphen Gesteinen (ohne wesentliche Stoffzufuhren), in „Höfen" um die magmatischen Intrusionen, besonders entwickelt an „sauren" Gesteinen,

(11) regionalmetamorphe der Epizone (Chlorit-Schieferzone),
der Mesozone (Muskowit-Glimmerschieferzone),
der Katazone (Biotit-Gneiszone)
in den sog. „Kristallinen Schiefern" und ihren Klüften („alpinen Klüften"), z. B. Hornblendegneisen, Amphiboliten, Biotitgneisen, Glimmerschiefern, Phylliten, Marmoren.

Diese 11 Typen der Mineralbildung sind durch ihre geologische Erscheinung gut charakterisiert und im Gelände beim Sammeln eindeutig zu unterscheiden. Man wird sie auch eher in der Mineralstufe wiedererkennen als die etwa 10—50fach größere Zahl der in diesen Lagerstättentypen auftretenden einzelnen Minerale.

16. Der **Bestimmungsgang** wird durch die Anlage des Buches vorgeschrieben:

I.	metallisch glänzende Minerale	S. 28—65
II.	halbmetallisch glänzende und nichtmetallisch glänzende mit farbigem Strich	S. 66—101
III.	nichtmetallisch glänzende	S. 102—167

Man hat nun die Suchtafel vor dem entsprechenden Kapitel aufzuschlagen, um die jeweilige Untergruppe nach Farbe oder Strich oder Härte zu finden. Aus der statistischen Darstellung der angeführten Minerale nach der Häufigkeit der chemischen Mineralklasse erkennt man, ob ein geläufiges oder seltenes Mineral vorliegen könnte, was auch für die weitere chemische Bestimmung Hinweise geben wird.

In manchen Fällen wird man an den weiteren angegebenen äußeren Kennzeichen bereits das richtige Mineral, in vielen Fällen eine Auswahl von wenigen Vertretern finden. U. U. kann man bei gut entwickelten Formen die Kristallklasse nach Ziffer 12 ermitteln.

Man vergleiche nun die chemischen Formeln der in Betracht gezogenen Minerale, wähle ein für sie charakteristisches Element aus und suche bei diesem auf S. 24 bis 27 die geeignetste chemische Reaktion aus, mit der man es nachweisen kann. (Ausführlich im II. Teil zusammengestellt!)

Liegen schön entwickelte Kristalle mit Flächen vor, die man nicht zerstören will, so gehe man in die kristallmorphologischen Bestimmungstabellen des III. Teiles und benütze zum Erkennen der Kristallformen und der Symmetrie die Kristallzeichnungen sowie den Bilderatlas der Fotografien von Mineralstufen.

17. Bei der Bestimmung mit dem hier vorliegenden I. Teil braucht man nur wenige **Werkzeuge:**

1. Lupe 6—10fach. 2. Meißel oder Stahlnadel, Zange oder kleinen Hammer, Unterlage aus Eisen. 3. Strichplatte aus Hartporzellan oder die unglasierte Unterkante einer Tasse. 4. Härteskala nach Mohs, die man sich selbst zusammenstellt, oder (nach einiger Übung) statt deren ein Stahlmesser.

Für die chemischen Nachweise: 5. Lötrohr. 6. Kerze (oder Lötrohrlampe). 7. Holzkohle. 8. die S. 22ff aufgeführten Reagenzien und Gläser. 9. Fließpapier. 10. ein Stück Zinkblech 2×3 cm.

ZUR ORIENTIERUNG ÜBER DIE BILDUNG VON MINERALLAGERSTÄTTEN

Die geologischen und physikalisch-chemischen Vorgänge, die zur Kristallisation von Mineralen und Mineralaggregaten führen, sind sehr mannigfaltiger Art. Ein und dasselbe Mineral, etwa Kupferkies, kann auf verschiedene Weise entstanden sein. Im folgenden sollen die wichtigsten Bildungsbedingungen kurz dargelegt werden.

A. Die magmatische Intrusion und die primären Mineralbildungen aus Schmelzen

1. Im Erdinneren herrschen hohe Drucke und hohe Temperaturen. Demzufolge befinden sich unter der kristallisierten, festen Gesteinskruste Schmelzen von Silikaten, das Magma bzw. die Magmen (*magma gr. Bodensatz, Brei*). In großen Bereichen der Erdkruste besitzt dieses Magma sicherlich eine einheitliche Zusammensetzung mit einer bestimmten Konzentration der einzelnen chemischen Elemente, etwa der erstarrter Basalte. In anderen Fällen können erhebliche Konzentrationsänderungen durch Differentiation (= Entmischung, Abtrennung teilweise kristallisierter Anteile) (*differre lat. auseinandertragen, verschieden sein*) oder Aufnahme von Fremdmaterial eingetreten sein, z. B. in Alkalimagmen. Die silikatischen Magmen sind vermutlich flüssig, liquidmagmatisch (*liquor lat. Flüssigkeit*), oder werden flüssig, sobald druckentlastete Räume durch Gebirgsbildung in der Gesteinskruste, Brüche oder Strömungen auftreten. In den Magmen sind die Metalle und leichtflüchtigen Bestandteile, wie Wasser, Schwefel, Halogene, Bor u. a., gelöst. Bei der Abkühlung scheiden sich aus den Schmelzen zunächst schon bei geringen Temperaturänderungen in großen Massen die Erstarrungsgesteine aus (magmatische Gesteine). Sie weisen vollkörnige, „massige" Struktur auf, weil die Temperatur in langen geologischen Zeiträumen nur langsam sinkt und die Bestandteile des Magmas somit Gelegenheit haben, sich zu größeren Kristallkörnern zusammenzufinden. Die Ausscheidung beginnt mit Magnesium- und Eisensilikaten, namentlich mit Olivin, Pyroxenen und kalkreichen, „basischen" Plagioklasen. Die Raumformen dieser Gesteinskörper sind Stöcke, Lager, Gänge oder auch mächtige Platten und „Decken". Die Gesteine werden als Gabbro, Diabas, Dolerit, Diorit, „Basalt" u. ä. bezeichnet. Ihre Platznahme erfolgt „initial" (*initium lat. Beginn, Anfang*) in Plutonen oder Vulkanen und spielt sich vorwiegend in den stetig sinkenden Meeresräumen, den Geosynklinalen, (*geo- gr. Erd-; syn gr. zusammen; klinein gr. neigen*) ab, wo viele Tausend Meter Sedimentgesteine abgelagert werden und aus denen später die Faltengebirge aufsteigen.

Bei dieser ersten Kristallisation scheiden sich auch Eisen und Chrom „liquidmagmatisch" als Oxyde, Nickel und Eisen als Sulfide aus und bilden mächtige, zum Teil schichtige, oft über Hunderte von Kilometern ausgedehnte Lagerstätten von Magnetit, Chromit, Nickelmagnetkies; hier finden sich auch die wertvollen Metalle der Platingruppe beigemengt. Die Temperaturen der Kristallisation liegen zwischen 1500 und 1000° C.

Im Hauptakte der Kristallisation sind die Schmelzen reich an Silizium und Aluminium geworden, so daß nunmehr die große Masse der „hellen" Gesteine, Granite, Granodiorite, Syenite und gewisse Arten der Gneise erstarren, die im wesentlichen aus Quarz, Feldspat und untergeordneten Mengen von wasserhaltigen Mineralen wie Hornblenden oder Biotit zusammengesetzt sind. Die Raumformen sind die gleichen wie bei den basischen, „dunklen" Gesteinen. Ihre Platznahme (*Intrusion lat. intrudere hineinstoßen, -drängen*) findet „synorogen" (*syn gr. zugleich, oros gr. Gebirge*), im Hauptakt der Gebirgsbildung meist im Anschluß an die Hauptfaltung statt. Die Erstarrungstemperaturen liegen zwischen 1200—600° C.

2. Als Restlösung verbleibt eine Schmelze völlig anderer Zusammensetzung, als sie ursprünglich war. Die flüchtigen Bestandteile sind stark angereichert, die Konzentration der seltenen Elemente und Metalle beträchtlich erhöht. Zwar scheiden sich zunächst wieder vorherrschend Silikate aus, die als Pegmatite (*pegtos gr. fest hineingesteckt, pegma gr. Gerüst*) auf Brüchen in das bereits festgewordene magmatische Gestein oder in seine Umgebung eindringen und scharf abgegrenzte Gänge bilden. Hier wachsen die Kristalle z. B. die Feldspate in groben Aggregaten, gelegentlich bis zu haushohen Individuen. Die Erstarrungstemperaturen liegen zwischen 600 und 400° C. Man neigt neuerdings wieder zu der Annahme, daß in diesem Stadium auch homogene „pneumotektische" Lösungen sulfidischer Erze neben Silikaten als hochtemperierte „Magmen" aus dem erstarrenden Pluton abwandern und Erzkörper bilden, die, wie z. B. auch die Granite, durch Kontakthöfe mit Andalusit, Korund u. a., umhüllt werden.

3. Nach der pegmatitischen Kristallisation erreicht die Innenspannung, der Dampfdruck der Schmelze, ihr Maximum, weil Gase oder fluide Lösungen vorherrschen. Bei diesen Dampfdrucken destillieren die leichtflüchtigen Metallverbindungen des Chlor, Fluor, Bor ab, aber wohl auch sonst schwerlösliche Minerale, die nun in gespanntem Wasserdampf gelöst sind. Sie kristallisieren als Minerale der pneumatolytischen bzw. pegmatitisch-pneumatolytischen Lagerstätten (*pneuma gr. Hauch, Atem; lysis gr. Lösung*), z. B. Zinnstein, Wolframit, Topas, Quarz, Fluorit. Die Temperaturen liegen vermutlich zwischen 300—500° C, wobei die kritische Temperatur des Wassers (374°) wahrscheinlich ohne Bedeutung ist.

4. Dann aber erfolgt die Kristallisation sehr langsam trotz stark absinkender Temperatur. Die Löslichkeit ändert sich nur wenig. In den Lösungen kristallisieren die Minerale mit schönen, flächenreichen Formen frei im Raum, in „Drusen" aus. Quarz und Feldspat beginnen, dann folgen vielfach Phosphate oder Niob-, Tantal-, Titanminerale und die der „seltenen Erden".

5. In diesem Temperaturbereich zwischen 400 und 50° C erfolgen die hydrothermalen Mineralbildungen (*hydor gr. das Wasser; therma gr. warme Quelle*) in den tektonischen Spalten, die nach der Erstarrung der magmatischen Intrusionen aufreißen. Sie liefern die Hauptmasse der eigentlichen „Erzgänge“. Aus verdünnten echten Lösungen (Salzlösungen) oder den nunmehr infolge Verlust der gespannten Gase hochkonzentrierten, kolloidal gewordenen Lösungen scheiden sich die Minerale der Schwermetalle aus, nämlich die große Anzahl einfacher Sulfide (Kiese, Blenden, Glanze), Arsenide und Telluride von Gold, Quecksilber, Silber, Blei, Kupfer, Kobalt, Nickel, Eisen, Zink, Wismut, Molybdän, Antimon, Arsen; Sulfantimonide und Sulfarsenide (Fahle und komplexe Kiese) von Zinn, Kupfer, Blei, Silber, Wismut, Nickel, Kobalt, Eisen; weiterhin die oxydischen Erze des Titan, Zink, Uran, Eisen, Wolfram sowie die silikatischen und karbonatischen „Gangarten“ Quarz, Feldspat, Serizit, Chlorite, Calcit, Dolomit, Zeolithe, die nutzbaren: Flußspat, Eisenspat, Schwerspat, Manganspat sowie die wenigen als „gediegene Minerale“ in der Natur vorkommenden Elemente Arsen, Wismut, Kupfer, Silber und Gold. Oft kann man den Zusammenhang mit dem Magma nur noch vermuten, wie bei einigen sulfidischen Blei- und Zink-Lagerstätten, sie sind apomagmatisch (*apo gr. von ... weg*). In noch größerer Entfernung, telemagmatisch (*telos gr. Ende*; *Äußerste*), meist auf dem großtektonisch gleichen Gang- oder Spaltensystem, treffen wir vielerorts Lagerstätten, die in tektonische Gebiete hineinragen und in Gesteine viel jüngerer Formationen hinaufdringen, in denen man ihren magmatischen Ursprung und ihren Zusammenhang mit der Gebirgsbildung nicht mehr beweisen kann, so daß der Streit darum geht, ob sie aszendent (von unten aufsteigend, *a-scendere lat. auf-steigen*) oder deszendent (von oben eingesickert) sind. Die Raumformen dieser Mineralneubildungen sind mannigfaltig geworden, neben glattbegrenzten Gängen treten solche auf, die reichlich mit Nebengestein erfüllt sind, ferner Lager, die sich an Schichtgrenzen ausgebreitet haben. Besonders charakteristisch sind hier feinverteilte *Imprägnationen* in Silikatgesteinen und *Verdrängungen* besonders in Kalken und Dolomiten.

B. Die Kontaktmetamorphose in den Hüllgesteinen um die magmatischen Intrusionen

1. In die Hüllgesteine um die magmatischen Körper und ihre Gänge dringen gewisse überkritische (oder fluide) Lösungen mit Zinn, Wolfram, Bor, Fluor, gelegentlich auch größere Mengen Chlor ein. Sie diffundieren vermutlich unter hohen Drucken durch ganze Gesteinskomplexe an den Korngrenzen der Minerale und auf feinen Rissen und imprägnieren sie mit Zinnstein wie auch den Außenrand der Erstarrungsgesteine selbst (Greisen), während in den Gängen neben Zinnstein auch Molybdänglanz, Zinnkies und Wolframate ausgeschieden werden. In dieser kontakt-pneumatolytischen Phase findet keine Abspaltung von Gasen statt, sondern ein kontinuierlicher Übergang von der Schmelze zur fluiden Lösung, zur niedrigtemperierten Schmelze und hydrothermalen Lösung.

2. Enthält das Dach des magmatischen Herdes Sedimentgesteine mit Kalk oder Dolomit, so reagieren diese mit den überkritischen oder sauren hydrothermalen Lösungen der Metalle Eisen, Kupfer, Blei, Zink (je nach der Temperatur) unter Abgabe von Kohlendioxyd (CO_2). Es bilden sich entweder entsprechende Sulfide und Arsenide (z. B. Zinkblende, Kupferkies, Löllingit) in serpentinartigen Gesteinen bzw. Skarnen mit interessanten und mannigfaltigen Mg-, Fe-, Zn-, Ca-, Al-Silikaten (z. B. Grossular, Diopsid, Wollastonit, Vesuvian, Ilvait, Humite, Forsterit, Skapolithe) oder auch Metallkarbonate und -oxyde (z. B. Magnetit, Eisenglanz, Siderit). Wesentlich ist, daß bei diesem Vorgang der Metasomatose (*meta gr. um; soma gr. Körper, Körpervertauschung bei der Seelenwanderung*;) das Volumen des Gesteines unverändert bleibt. Es entwickeln sich unregelmäßige Raumformen an den Spalten, Falten und Schichtgrenzen des vielfach kompliziert gebauten Dachgesteines. Unmittelbar am Magmenherd bilden sich die Minerale offenbar bei hohen Temperaturen und könnten als eigentlich pyrometasomatische (*pyr gr. Feuer*) bezeichnet werden. Fern vom Magma liegen die Temperaturen bei der Metasomatose weit tiefer.

3. Aber auch ohne derartige Stoffzufuhren ändert sich durch Stoffverschiebungen, Umkristallisation und Neubildungen der Mineralbestand der Hüllgesteine. Die Kontaktmetamorphose (*contactus lat. Berührung; meta-morphosis gr. Um-Gestaltung*) vertreibt vor allem das Wasser der Tonminerale und Eisenhydroxyde und führt zu Sprossungen interessanter Aluminiumsilikate: Andalusit, Sillimanit, Cordierit, Granat, Biotit, Turmalin, Topas, Axinit. Diese Mineralneubildungen sind zonar um die magmatischen Intrusionen angeordnet und zeigen sowohl im Gestein wie auf Zerrüttungszonen und Klüften schöne Kristallformen.

C. Die vulkanischen Mineralbildungen

1. Gelangen die silikatischen Schmelzen durch geologisch-tektonische Vorgänge unmittelbar an die Oberfläche, so werden sie abgeschreckt. An Stelle einer völlig auskristallisierten Schmelze finden sich nur erst einzelne, in der Tiefe bereits gebildete idiomorphe (*idios gr. eigen; morphe gr. Gestalt*) Kristalle in einer mehr oder weniger glasigen Grundmasse. Gewöhnlich erfolgt die Extrusion (*extrudere lat. herausdrängen*) der Schmelzen als Lava am Ende der Faltung (subsequenter Vulkanismus; *sub-sequi lat. begleiten*) oder erst beim Zerbrechen des versteiften Faltengebirges (finaler Vulkanismus; *finis lat. Ende*). Vielfach sind die Intrusionen oberflächennah unter ihren eigenen Ergußgesteinen erstarrt. In diesem subvulkanischen Niveau finden die Erzbildungen aus den leichtflüchtigen Bestandteilen statt; sie sind daher nur in den jungen Faltengebirgen, z. B. den Anden Südamerikas, erhalten geblieben. Zwei Umstände charakterisieren diese Vorgänge: plötzlicher Wechsel von hohen zu niedrigen Drucken sowie rasches Temperaturgefälle. Demzufolge werden die in der Tiefe gelösten Gase und Dämpfe als vulkanische Exhalationen (*exhalatio lat. Ausdünstung*) abgespalten. Es gibt keine pegmatitischen Gangfüllungen mehr, sondern pneumatolytische und hydrothermale. Die Minerale der Pneumatolyte sind in „Aus-

würflingen", die hydrothermalen in Hohlräumen (Drusen, Mandeln) in den vulkanischen Gesteinen erhalten geblieben. Die vulkanischen hydrothermalen Gänge und Exhalationen liegen meist in der Nähe der vulkanischen Schlote oder auch in den stark zertrümmerten randlichen Hüllgesteinen und sind mit wirtschaftlich wichtigen Lagerstätten erfüllt. Gold und Silber treten meist in Verbindungen mit Tellur auf. Silber, Wismut, Zinn, Zink, Blei sind sulfidisch gebunden oder in Doppelverbindungen mit Arsen, Antimon, Selen. Art und Ort der Kristallisation erlauben die Entwicklung herrlichster Kristalle und flächenreicher Formen. Die Hüllgesteine sind von den nachfolgenden heißen Lösungen hydrothermal umgewandelt: kaolinisiert, propylitisiert (*propylon gr. Vorhof;* vergrünte, mürbe Gesteine um die eigentlichen Erzkörper) und verkieselt.

D. Die Mineralbildungen der Sedimentgesteine

Alle Gesteine werden an der Erdoberfläche unter dem Einfluß des Wetters zerstört, Schutt und Boden durch Wasser, Eis und Wind transportiert und auf dem Lande oder im Meere wieder abgesetzt. So bilden sich über große Flächen schichtige, bankige Gesteine, die Sedimente (*sedere lat. setzen*). Sie bauen sich aus Gesteinsresten, Mineralresten und -rückständen auf. Diese eigentlichen klastischen Sedimente sind arm an sichtbar kristallisierten Mineralneubildungen, oft aber reich an wirtschaftlich wertvollen mechanischen Mineralanhäufungen (Seifen), z. B. von Zinnerz, Monazit, Diamant, Gold. Unter besonderen klimatischen und geographischen Bedingungen werden aus den wäßrigen, verdünnten Lösungen bei der Sedimentablagerung Minerale chemisch ausgefällt. Sie bilden als Chloride, Sulfate und Karbonate wirtschaftlich wichtige Lagerstätten der Alkalimetalle und Erdalkalien, Salz- und Kalisalzlagerstätten im besonderen, hydroxydische und karbonatische Eisen- und oxydische Manganerzlagerstätten.

Erze, namentlich der Schwermetalle und Buntmetalle, sind oft mit bituminösen Sedimentgesteinen (Ölschiefern und Kohlen) verknüpft und dort durch biochemische Vorgänge von Pflanzen oder auch bei der Verwesung von Tieren in Faulschlammbildungen angereichert worden. In tieferen Gesteinsschichten werden diese Sulfide, Sulfate, Karbonate auf Klüften und „Rücken" mobilisiert (deszendent), so daß man in Zweifel gerät, ob derartige Anreicherungen nicht durch telemagmatische Zufuhren (aszendent) zustande gekommen sind. Gute Kristallformen entwickeln sich auf Klüften (lateralsekretionär) und Hohlräumen. Uran und Vanadium bilden hier wirtschaftlich wichtige Konzentrationen mit einmaligen, seltenen und für jedes Vorkommen eigentümlichen farbschönen Mineralgesellschaften (Farbtafel 1—4).

Bei der Verwitterung der Erzlagerstätten entstehen als Neubildungen sehr zahlreiche Minerale als „Ausblühungen, Krusten, Erden", insbesondere Phosphate, Arsenate, Oxyde und Hydroxyde. Aus den silikatischen Lösungen in den Lockergesteinen kristallisieren neu sehr feinkristalline und chemisch oft schwer definierbare Ton- und Chloritminerale aus. Sie bilden wirtschaftlich nutzbare Lagerstätten, z. B. Bauxite, Bentonite, Walkerden.

E. Die regionalmetamorphen Mineralbildungen

In den Bewegungszonen der Erdkruste, den Faltengebirgen oder Orogenen, (*oros gr. Gebirge; genesis gr. Entstehung*) werden die magmatischen Gesteine so wie die Sedimentgesteine mechanisch, aber auch chemisch beträchtlich umgewandelt. Man hat lange gesucht, welche physikalischen Bedingungen die entscheidenden wären, wovon Bezeichnungen wie Dynamometamorphose (*dynamis gr. Gewalt, Druck*), Kinetometamorphose (*kinesis gr. Bewegung*), Regionalmetamorphose (*regio lat. Bereich, ein Stück Erdoberfläche*) zeugen. Tatsache ist, daß viele Kilometer mächtige Sedimentgesteine, ja selbst Kohlen, durch Jahrmillionen unverändert bleiben, daß sie sich aber dort verhärten, „veredeln" und umkristallisieren, wo sie in Gebirgen gefaltet und bewegt sind. Bei diesen tektonischen Bewegungen ändern sich Druck und Temperatur sowie mechanische Beanspruchung der Gesteinsmassen oft langsam, aber auch plötzlich. Vielfach wiederholen sich die Vorgänge. Großflächige Bewegungen führen häufig zu einem Wechsel verschieden mechanisch verarbeiteter und chemisch umgesetzter Lagen, so daß Schichtung und Bankung wie in sedimentären Gesteinen auftreten („kristalline Schiefer"). Sedimentgesteine gleichen sich mit der Tiefe in Struktur und Mineralbestand den magmatischen an. Ja, es kann eine Vermengung von festen Bestandteilen und Flüssigem stattfinden (Injektionsmetamorphose, *inicere lat. ein-dringen, ein-fließen*). In mittleren Tiefen (Mesozone, *meson gr. Mitte*) können noch wasserhaltige, schieferholde Minerale existieren. Die Mineralbildungen ähneln oft denen der Kontaktmetamorphose. Muskowit, Granat, Disthen, Staurolith sind hier in schönen Kristallen zu Hause. In der obersten Bewegungszone (Epizone, *epi gr. darauf, obenauf*) gleichen die verformten magmatischen Gesteine nach Mineralbestand und Gefüge den eingeformten Schiefern, Quarziten und Grauwacken, weil ihre ursprünglichen Kornverbände zertrümmert und sie chemisch umgewandelt sind. Klüfte reißen am Ende der Faltung und beim Aufsteigen der Gewölbe die Gebirgszüge quer auf. In diesen „alpinen Klüften", den „Kristallkellern" der durchbewegten, kristallinen „Kernzonen" der Faltengebirge, siedeln sich die mannigfaltigsten Minerale des Nebengesteines in wunderbaren flächenreichen, glasklaren Formen an.

Chemische Reaktionen zum Nachweis einiger wichtiger Elemente als Kontrolle der Bestimmung nach äußeren Kennzeichen

1. Schmelzreaktionen

werden mit dem Lötrohr in der Boraxperle und auf einer Unterlage aus Holzkohle ausgeführt. Als Flamme kann man eine Kerze benutzen, eine stärkere Flamme liefert eine Lötrohrlampe mit Öl oder Paraffin. Man muß lernen, wie auf einem Blasinstrument die Luft aus den Backen zu blasen, damit der Luftstrom beim Atmen nicht unterbrochen wird. Das gelingt, wenn man den Gaumen schließt und hörbar weiteratmet.

Hält man das Lötrohr in die Flamme und bläst von innen Luft zu, so entsteht eine spitze, lange, blaue, nicht leuchtende Flamme, die *Oxydationsflamme*, O. F. (Fig. 7). Ihre Wirkung ist am besten, wenn man eine Probe (2—4 mm) vor die Spitze hält, damit die Luft oxydierend einwirken kann. Wer das Ende eines dünnen Platindrahtes zu einem Kügelchen schmilzt (t = 1775° C), bläst eine gute Oxydationsflamme. Eine von Molybdäntrioxyd undurchsichtig braune Boraxperle wird durch eine O.F. völlig klar (heiß gelblich, kalt farblos).

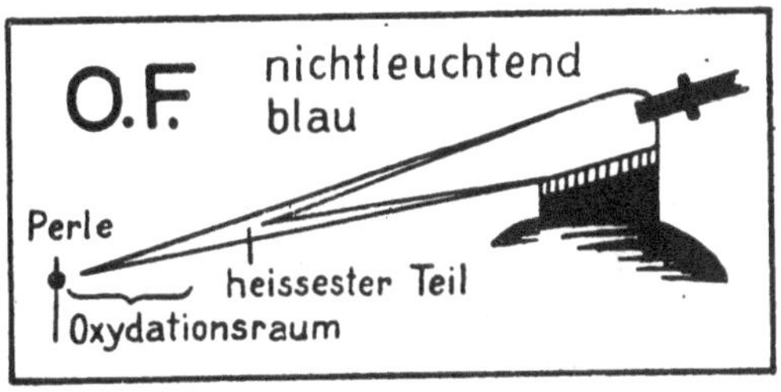

Fig. 7. Die Oxydationsflamme

Hält man das Lötrohr an die Flamme, so daß sie beim Blasen zur Seite geknickt wird, so bleibt die Flamme leuchtend gelb. Der glühende freie Kohlenstoff reduziert die Probe, wenn sie vom leuchtenden Teil umspült wird (Reduktionsflamme, R.F. Fig. 8). Man lernt eine gute R.F. bei folgender Übung erzeugen: Eine — durch O.F. geschmolzene — rote oder fast undurchsichtige Boraxperle von Manganoxyd wird in der R.F. reduziert, wenn die Perle farblos wird. Auch Kupferoxyd und Nickeloxyd kann man in der gleichen Weise in Borax lösen oder auch auf Kohle zu einem metallischen Kupfer- bzw. Nickelkorn reduzieren.

Fig. 8. Die Reduktionsflamme

Die Probe schmilzt am besten in einer (1—2 mm ∅) winzigen Perle von Borax — das in der Flamme vorher entwässert wurde — am geraden Platindraht. Wenn man eine Schlinge biegt, wird man verleitet, die Perle zu groß zu nehmen und beim Reinigen bricht der Draht leicht ab, so daß man ihn schnell verbraucht. Man kann statt des Platindrahtes auch ein Magnesia-Stäbchen benützen. Proben, die reduziert werden sollen, bringt man in ein Grübchen auf einem Holzkohlenstück. Die Reduktion wird durch Zugabe von Soda erleichtert. Dazu vermengt man die gepulverte Probe mit Soda, feuchtet mit Wasser an und drückt sie in das Grübchen, weil man sie sonst leicht fortbläst. Zur Oxydation und zum Aufschließen in der Schmelze verwendet man ein Gemenge von Soda und Salpeter.

Beschläge (von Oxyden) werden mit der O.F. auf Kohle erzeugt.

2. Formreaktionen

Durch die Reaktion soll ein kristallisiertes und an seiner Form (und Farbe) bestimmbares Reaktionsprodukt ausgefällt werden. Man bringt mit einem zur Spitze ausgezogenen Glasröhrchen (Pipette) einen kleinen Tropfen der Probelösung auf ein Glasplättchen (Objektivträger) und setzt das Reagenz mit einem dünnen Glasstab neben die Probe und läßt beide zusammenfließen. Das Wachstum der Kristallformen kann mit einem gewöhnlichen Mikroskop (Vergrößerung 50—100 fach), oft schon mit einer Lupe meist gut vom Rande her verfolgt werden. Den Tropfen läßt man am besten durch einmaliges kurzes Erwärmen neben der Flamme langsam verdunsten.

3. Farbreaktionen

werden hier die von Feigl u. a. neuerdings erforschten metallorganischen Reaktionen genannt, da sie meist ein spezifisches farbiges (nicht kristallisiertes) Reaktionsprodukt liefern. Der Probetropfen wird mit einer Pipette auf einen Streifen (1 × 3—5 cm) Fließpapier gebracht und das Reagenz auf den nassen Fleck aufgetropft. Manchmal ist es vorteilhaft, den Probetropfen auf getrocknetes Reagenzpapier zu bringen. Wird der Tropfen des Reagenz neben den

Probetropfen gebracht, lassen sich bisweilen verschiedene Elemente infolge verschiedener Reaktionsgeschwindigkeit oder auch Diffusionsgeschwindigkeit gleichzeitig erkennen. Die meisten Tüpfelreaktionen sind für die Mineralbestimmung zu empfindlich, einige weniger empfindliche aber spezifisch und von großem Wert. Sie sind im II. Teil vollständig aufgeführt.

1. Antimon (Sb)

Auf Kohle weißer, dicker Rauch von Antimonoxyd und weißer Beschlag mit blauem Rand nahe der Probe. Störung durch andere Beschläge wie Blei, Zink. Verwechslung mit Arsen! Konzentrierte Salpetersäure oxydiert Antimonsulfide und -Sulfosalze zu $HSbO_3$, eine weiße Fällung, die in Kalilauge löslich ist (Unterschied zu Arsen).

Minerale: Sulfide, Antimonide, Sulfantimonide, Sulfantimonate, Antimonate, Silikate.

2. Arsen (As)

Auf Kohle blauweißer Rauch, sehr flüchtiger, gelblichweißer Beschlag von Arsentrioxyd sowie Knoblauchgeruch durch Arsenwasserstoff (AsH_3) (Unterschied: Antimon). Alle Verbindungen sind in Salpetersäure löslich. Wird festes Ammoniummolybdat dieser Lösung zugesetzt, so überzieht sich dieses sofort gelb und bewirkt gelbe Fällung (Verwechslung mit Phosphor). Bringt man einen Tropfen der Probelösung auf einen Streifen Fließpapier, läßt eintrocknen (Streifen *neben* die Flamme halten!), gibt konz. HCl dazu sowie unterphosphorige Säure, erhitzt, so entsteht schokoladenbraune Färbung durch Arsen. Im Reagenzglas ausgeführt: Lösung eindampfen und mit konz. HCl aufnehmen usw. wie oben.

Minerale: Sulfide, Arsenide, Sulfarsenide, Arsenate.

3. Karbonate (CO_2)

Brausen mit verdünnter Salzsäure auf, besonders beim Erhitzen.

4. Phosphor (P)

Phosphate in Salpetersäure gelöst; wird festes Ammoniummolybdat zugefügt, so überzieht sich dieses sofort gelb und bewirkt gelbe Fällung, besonders wenn die Reaktion auf Fließpapier ausgeführt wird (Verwechslung mit Arsen! Eine Unterscheidung auf Grund der Reaktionsgeschwindigkeit in kalter (P) oder heißer Lösung (As) ist nicht mit Sicherheit durchzuführen; zusätzlich Nachweis mit unterphosphoriger Säure für As!). Im Tropfen auf dem Objektträger werden Oktaeder von Ammonium-Phosphormolybdat gefällt.

5. Schwefel (S)

Sulfide auf Kohle mit Soda geschmolzen; Schmelze gibt auf angefeuchteter Silbermünze schwarzen Fleck von Silbersulfid (Heparprobe). Verwechslung mit Selen, Tellur! Sulfate (sind niemals metallglänzend!) sind mit Kohlepulver zu vermengen und länger zu glühen, ehe sie diese Reaktion geben. Lösliche wie feste Sulfide entwickeln bei Zugabe von Natriumazidlösung Bläschen von Stickstoff (Rezept: 1 g Natriumazid, 1 g Kaliumjodid, ein Körnchen Jod, 30 cm^3 Wasser).

(Diese Reaktion ist besonders zum Nachweis von Sulfiden auch im Anschliff zu empfehlen.)

6. Blei (Pb)

Auf Kohle mit Soda entsteht weiches Metallkorn und Beschlag von gelbem Bleioxyd. Bei Zusatz von Kaliumjodid und Schwefel gelber Beschlag (Unterschied Wismut).

Minerale: In allen Gruppen zahlreiche Vertreter, als Rohstoffe besonders Sulfide, Karbonate, Sulfate. Von 145 Bleimineralen sind hier 35 angeführt.

7. Chrom (Cr)

Soda-Salpeterschmelze gelb, in Wasser ist diese mit gelber Farbe löslich (Unterschied Blei, löst sich nicht in Wasser). Boraxperle in Oxydationsflamme rötlichgelb, beim Erkalten gelbgrün (Unterschied Eisen: gelb bis farblos), in Reduktionsflamme charakteristisch smaragdgrün (ähnlich Eisen, Uran).

Minerale: Oxyde, Chromate, Silikate. Von 13 Chrommineralen sind 5 hier aufgenommen.

8. Eisen (Fe)

Alle Eisenverbindungen geben vor dem Lötrohr in Sodaschmelze magnetisches Metallkorn. Boraxperle selbst bei sehr geringem Zusatz in Oxydationsflamme gelb bis rot, kalt farblos (Unterschied Chrom), in Reduktionsflamme flaschengrün. In Salpetersäure gelöst, Zusatz von gelbem Blutlaugensalz (Kaliumferrozyanid) gibt Berliner Blau; Kalilauge oder Ammoniak fällen charakteristisch braunes Eisenhydroxyd (Unterschied Uran).

Minerale: Zahlreiche in allen Gruppen. Rohstoffe: Oxyde, Karbonate, Sulfide, Silikate.

9. Kobalt (Co)

Nach Abrösten des Minerales wird Boraxperle in Oxydationsflamme und Reduktionsflamme warm und kalt schön kobaltblau (Unterschied Kupfer). Lösung in Salpetersäure rosarot, in konz. Salzsäure blaugrün.

Minerale: Sulfide, Arsenide, Antimonide, Selenide, Oxyde, Arsenate, Sulfarsenide. Rohstoffe: Arsenide, Sulfarsenide. Von den 23 Kobaltmineralen sind 10 angegeben.

10. Kupfer (Cu)

Mit Soda auf Kohle entsteht rotes Metallkorn. Boraxperle in Oxydationsflamme grün, kalt blau (bei Eisengehalt Mischfarbe grün), in Reduktionsflamme farblos, kalt rotbraun bis rot undurchsichtig. Metallkorn oder Mineral in Salpetersäure gelöst, Weinsäure und Ammoniak zusetzen, gibt tiefblaue Färbung. Bei Zusatz von gelbem Blutlaugensalz (Kaliumferrozyanid) rotbrauner Niederschlag, der in Kalilauge löslich ist (Unterschied Eisen) unter gleichzeitiger Abscheidung von hellblauem Kupferhydroxyd (Unterschied Uran). Niederschlag in Ammoniak mit blauer Farbe löslich (Unterschied Molybdän).

Minerale: In allen Gruppen. Rohstoffe: Sulfide, Sulfarsenide. Von 138 Kupfermineralen sind 44 angeführt.

11. Mangan (Mn)

Soda-Salpeterschmelze (auf Kohle oder Platinblech) bei sehr geringem Zusatz charakteristisch blaugrün. Boraxperle in Oxydationsflamme intensiv violett, kalt rot, in Reduktionsflamme farblos. Mangandioxyde entwickeln bei Zugabe von Salzsäure Chlorgas.

Minerale: Oxyde, Phosphate, Arsenate, Silikate. Rohstoffe: Oxyde.

12. Molybdän (Mo)

Soda-Salpeterschmelze in Salzsäure lösen, Zink zusetzen, gibt Färbung durch Molybdänblau (u. U. erst nach einigen Minuten sichtbar!), die bei Verdünnung in Braun und nach etwa 30 Minuten in Grün übergeht (Unterschied Wolfram, Niob). Molybdänglanz färbt Oxydationsflamme grün (Unterschied Graphit, Eisenglanz).

Minerale: Sulfide, Oxyde, Molybdate. Rohstoffe: Sulfid, Molybdat. Von 9 Molybdänmineralen sind 3 angegeben.

13. Nickel (Ni)

Sodaschmelze oder Boraxperle oder Mineral direkt in Salpetersäure lösen, gibt schöne grüne Lösung, verdünnt, bei Zusatz von Ammoniak violette Färbung (Lösung in Salzsäure bleibt weiß; Unterschied zu Co!). Dieser Dimethylglyoxim zufügen, wodurch hellroter farbkräftiger Niederschlag entsteht, der sich in verdünnter Säure leicht löst. Lösung bleibt rot. (Unterschied Kobalt).

Minerale: Sulfide, Arsenide, Antimonide, Sulfarsenide, Sulfantimonide, Oxyde, Silikate. Rohstoffe: Sulfide, Arsenide, Silikate. Von 36 Nickelmineralen sind 15 aufgeführt.

14. Silber (Ag)

Sodaschmelze auf Kohle gibt Silberkorn, das geschmeidig ist. Störung: Blei, Kupfer. In Salpetersäure gelöst, festes Kaliumbichromat zusetzen, gibt blutrotes bis gelbrotes Silberchromat. (Am besten in 1 Tropfen konz. Lösung unter dem Mikroskop als Formreaktion nach Zugabe von 1 Tropfen Wasser ausführen!)

Minerale: Elemente, Sulfide, Halogenide. Rohstoffe: gediegenes Silber, Sulfide. Von 58 Silber enthaltenden Mineralen sind 24 aufgeführt.

15. Uran (U)

Soda-Salpeterschmelze schwach gelbrot (Unterschied Chrom, Eisen bleibt in der gelben Schmelze ungelöst als braunschwarzes Oxyd, Vanadiumschmelze schwach gelblich, kalt farblos). Boraxperle in Oxydationsflamme gelb, kalt gelbgrün, in Reduktionsflamme schmutziggrün, kalt grün. In stark verdünnter

Salpetersäure gelöst, Zusatz von gelbem Blutlaugensalz (Kaliumferrozyanid), gibt braunroten Niederschlag, der mit Kalilauge gelb wird (Unterschied Eisen, Kupfer, Molybdän).

Minerale: Oxyde, Karbonate, Sulfate, Phosphate, Arsenate, Vanadate, Uranate, Silikate. Rohstoff: Oxyde. Von 61 Mineralen 16 angegeben.

16. Wismut (Bi)

Sodaschmelze auf Kohle, gibt sprödes, rötlich-silberweißes Metallkorn und braungelben Beschlag (Störung Blei: gelb, Antimon: gelbrot). Bei Zusatz von Kaliumjodid und Schwefel entsteht braunroter Beschlag (Unterschied Blei). In Salpetersäure gelöst, Zusatz von Kaliumjodid und Cäsiumchlorid fällt tiefrotes Cäsiumwismutjodid.

Minerale: Sulfide, Telluride, Selenide, Karbonate, Arsenate, Metallsäureverbindungen. Rohstoffe: Gediegenes Wismut, Sulfide. Von 47 sind 11 Wismutminerale aufgeführt.

17. Wolfram (W)

Die hellen W-Minerale sind ausreichend in Schwefelsäure oder selbst in Salzsäure löslich. Die dunklen schließt man besser durch Schmelzen mit Soda-Salpeter auf, löst in Wasser, Zugabe von Salzsäure fällt einen weißen Niederschlag von wasserhaltiger Wolframsäure, die beim Kochen gelb wird — oder wäßrige Lösung eindampfen, mit konz. Salzsäure aufnehmen und Zinn(II)chlorid zufügen, dann erst schwach erwärmen, gibt sofort blauen Niederschlag von Wolframblau $WO_2(WO_4)_3$.

Minerale: Oxyde, Wolframate des Fe, Mn, Ca, Pb. Von 10 in der Natur vorkommenden Wolframmineralen sind 5 aufgeführt.

18. Zink (Zn)

Auf Kohle weißen Beschlag, heiß gelb (Unterschied Blei, Wismut, Zinn). Nach Befeuchten mit Kobaltnitratlösung und starkem Glühen wird dieser gelblichgrün. Sodaschmelze, in Wasser lösen oder Mineral in Salpetersäure lösen, dann zur Lösung Zusatz von 8-Oxychinolin gibt helle, klare, grünlichgelbe Färbung bzw. Fällung, die beim Erwärmen sattgelb wird.

Minerale: Sulfide, Oxyde, Karbonate, Sulfate, Vanadate, vor allem Phosphate und Arsenate. Rohstoffe: Sulfide, Oxyde, Karbonate. Von 45 Zink enthaltenden Mineralien sind 15 aufgeführt.

19. Zinn (Sn)

Zinnstein, SnO_2, wird auf etwa 1 mm Korngröße zerdrückt, auf ein Zinkblech gelegt und mit einigen Tropfen Salzsäure übergossen. Der naszierende Wasserstoff erzeugt metallisches Zinn, das sich als mattbleigraue Haut auf der Oberfläche des Zinnsteins niederschlägt. Die Reaktion ist vorzüglich geeignet, um Zinnstein in Seifen und im Aufbereitungsgut nachzuweisen. Die bleigrauen Körnchen unterscheiden sich gut von den dunklen Schwermineralen wie Rutil u. a.

Suchtafel

I. METALLISCH GLÄNZENDE MINERALE

1. Rote

Härte 2—5 30

2. Gelbe

Härte $1^1/_2$—$^1/_2$ 32
„ 6 36

3. Silberweiße

Härte 2 36
„ 3—4 38
„ 5 40
„ 6 41

4. Graue

Härte 1—2 41
„ 3 48
„ 4 52
„ 5 52
„ 6—7 54

5. Schwarze

Härte 1—2 54
3 56
4—5 58
6 62

I.

Statistische Darstellung der angeführten metallglänzenden Minerale nach der Häufigkeit der kristallchemischen Mineral-Klassen

I Elemente
II Sulfide, Selenide, Arsenide, Telluride, Antimonide, Bismutide
III Halogenide (Cl, Br, J, F)
IV Oxyde, Hydroxyde (einschließl. Nb, Ta, Ti usw.)
V Karbonate, Borate, Nitrate
VI Sulfate
VII Phosphate, Arsenate, Tellurate
VIII Vanadate, Chromate, Molybdate, Wolframate, Uranate
IX Silikate
X Organische

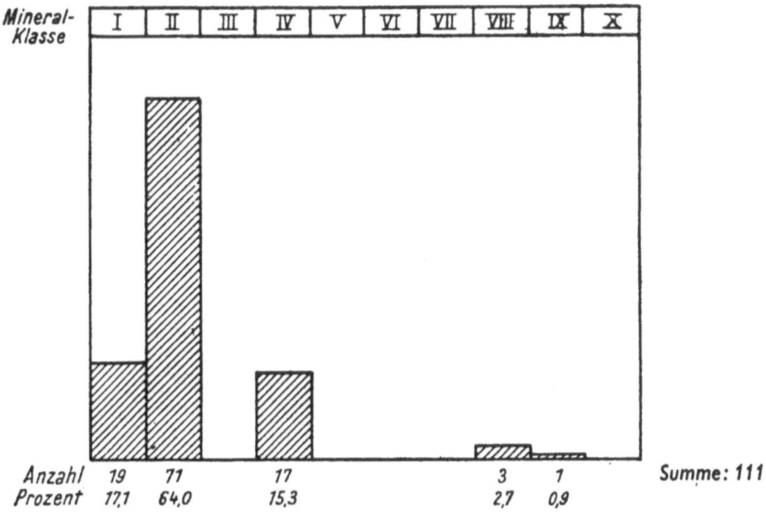

I. METALLISCH GLÄNZENDE MINERALE

Name und chemische Formel	Farbe	Strich	Härte Dichte	Kristalle System	Kristalle Habitus	Kristalle Raumgruppe Klasse
Härte 2–5						**1. Rote**
Livingstonit $HgSb_4S_7$ 25% Hg	tiefrot dschein. opak: hell-bleigrau	rot	2 4,81–5,0		S. *46*	
Kupfer Cu	kupferrot; oft braun angel.	kupferrot glänz.	3 8,5–9	kub.	hexaedr. oktaedr. dodekaedr.	O_h^5 kub.-hex. okt.
Bornit (Buntkupferkies) Cu_3FeS_3 bis Cu_5FeS_4 (gel. silberh.) 55–69% Cu	kupferrot, bronzegelb; auf frisch. Bruche rötlich tombakbr., schließl. blau angel.	schwarz	$3^1/_2$ 4,9–5,1	kub.	hexaedr. oktaedr. dodekaedr. Zw. n. (111) Kr. selt.	O_h^7 kub.-hex. okt.
Germanit Cu_3 (Fe, Ge, Ga) S_4 bis 8% Ge, 0,8% Ga	dunkelrötl.-grau, violettrosa; satt-violett angel.	schwarz	$2^1/_2$–3 4,46–4,59	kub.	Kr. bisher nicht beobachtet	T_d^3 kub.-hex. tetr.
Breithauptit NiSb	kupferrot; rotblau anlauf.	rötlich-braun	5 (7,5); 8,2	hex.	dünntaflig säulig Kr. s. selt.	D_{6h}^4 dihex.-bipyr.
Rotnickelkies (Nickelin) NiAs 44% Ni	licht kupferrot n. bronzegelb; bräunlich angel.	bräunl. schwarz	5½ 7,3–7,7	hex.	pyramidal Kr. selt., klein	D_{6h}^4 dihex.-bipyr.

Spaltbarkeit Bruch	Aggregate Form	Struktur	Ähnliche Minerale	*Verwendung* Vorkommen und Begleiter
hakig geschmeidig	meist derb, ästig, blechförm., drahtförmig			*Wichtiges Kupfererz!* 1. An der Grenze der Oxydationszone zur Zementationszone 2. An Melaphyr- u. Quarzporphyrdecken, seltener Basalten 3. In Kalkspatgängen Cuprit, Malachit, Azurit; Delessit, Prehnit, Datolith, Orthoklas, Analcim, Calcit, Pistacit, Quarz, Pumpellyit, gediegenes Silber, Limonit
(100) muschlig	derb, plattenförmig selt. ästig	dicht körnig	frisch: Magnetkies *34* Rotnickelkies *30* angelaufen: Covellin *68* Kupferkies *34* Chalkosin *56*	*Wichtiges Kupfererz!* Pegmatitisch, pneumatolytisch u. hydrothermal 1. Auf Kupfererzgäng.: Chalkosin u. Enargit, Chalkopyrit, Malachit, Chrysokoll 2. Aus Kupferkies hydrothermal in Erzlagern: Magnetit od. Hämatit, Pyrit, Andradit 3. Im Kupferschiefer, sedimentär 4. Auf Kontaktlgst.: Wollastonit, Granat, Calcit 5. Als alpines Kluftmineral
fehlt	nur derb		Bornit *30* Enargit *68*	Hydrothermale Kupfererzgänge, Tetraedrit, Tennantit, Zinkblende, Kupferglanz
schlecht (0001) uneben	derb	feinkörnig kleinblättrig	Nickelin *30*	Chloanthit, Ullmannit, Galenit, Blende, Stephanit, Pyrargyrit, Calcit
schlecht (10$\bar{1}$0) (0001) muschlig spröde!	derb nierig ästig	dicht feinkörnig kurzstrahlig	Breithauptit *30* Wismut *36* Magnetkies *34* Linneit *42* Maucherit *42*	*Nickelerz!* 1. Hydrothermale Ni-Co-Bi-Ag-Erzgänge: Chloanthit, Smaltin, gedieg. Wismut, gedieg. Silber, gedieg. Arsen, Proustit, Galenit, Baryt, Fluorit, Siderit, Calcit, Kupferkies, Bleiglanz 2. Selten mit Chromit in serpentinisierten Gabbrogest. (hydrothermal? liquidmagmatisch?)

Härte $1^1/_2$–$4^1/_2$ — 2. Gelbe

Name und chemische Formel	Farbe	Strich	Härte Dichte	Kristalle System	Kristalle Habitus	Kristalle Raumgruppe Klasse
Silberkies (Sternbergit u. a.) $AgFe_2S_3$	bronzegelb; bunt od. schwarz anlauf.	schwarz	1½ 4,10–4,22	rh. ps.-hex.	dünntaflig; Drillinge Kr. klein	D_{2h}^{17} rh.-bipyr.
Gold Au (gewöhnl. silberh.) 80–90% Au	leuchtend goldgelb bis hellgelb	goldgelb bis hell goldgelb	2½ 15,5–19,3	kub.	oktaedr. hexaedr. dodekaedr. Kr. selt.	O_h^5 kub.-hex. okt.
var.: Elektrum $Au_n\ Ag_m$ 70–75% Au	blaß goldgelb	blaß goldgelb (glänz.)	2½ 15,6	kub.	oktaedr. hexaedr.	O_h^5 kub.-hex. okt.
Calaverit $AuTe_2$ 43,7% Au, 56,3% Te	hellweißgelb	gelblich grau	2½ 9,04–9,39	mkl. ps.-rh.	Kr. säulig längsgestr.	C_{2h}^3, C_2^3 mkl.-prism.
Pentlandit (Fe, Ni)S bzw. $(Fe, Ni)_9S_8$ 10–40% Ni	helltombakbraun, gelb n. braun	schwarz	3½–4 4,6–5	kub.	Körner	O_h^5 kub.-hex. okt.
Bravoit (Nickelpyrit) $(Ni, Co, Fe)S_2$	gelb n. braunrosa	bräunl.-schwarz	3½–6 4,3–4,62	kub.		T_h^6 kub.-disdod.
Zinnkies (Stannin) Cu_2FeSnS_4 24–31% Sn	stahlgr. n. olivgrün; bronzegelb anlauf.	schwarz	3½ 4,3–4,5	tetr. ps.-kub.	Tetraeder Zw. n. (111) Krist. klein	D_{2d}^{11} tetr.-skal.
Bornit (Buntkupferkies) $Cu_5\ FeS_4$ (gel. silberh.) 55–69% Cu	kupferrot, bronzegelb; violett, blau angel.	schwarz	3½ 4,9–5,1		s. S. *30*	

Spaltbarkeit Bruch	Aggregate Form	Aggregate Struktur	Ähnliche Minerale	*Verwendung* Vorkommen und Begleiter
s. gut (001)	derb Rosetten	kurzfasrig	Magnetkies *34*	Auf Silbererzgängen: Pyrargyrit, Proustit, Stephanit, ged. Arsen, Baryt, Siderit, Magnetkies
hakig (s. geschmeidig!)	derb Bleche flitter- haarförmig		Pyrit *36* Kupferkies *34* „Katzengold" = Glimmer (nicht hämmerbar!) *113*	*Wichtigstes Golderz!* 1. Auf hydrothermalen Gängen in intrusiven und vulkanischen Gest.: Quarz, Pyrit, Galenit, Blende, Arsenopyrit, Antimonit; ged. Wismut, Hessit, Clausthalit, Sylvanit, Nagyagit; Calcit, Limonit, Rodochrosit 2. Auf verfestigten und losen „Seifen" in Plättchen, Körnern, Klumpen (Seifen-, Waschgold); kaum mit Zinnstein oder Wolframit!
	derb Bleche, angeflogen			Auf Gold-Silber-Gängen: Pyrit, Galenit, Blende, Hessit, Sylvanit, Nagyagit, Quarz, Rhodochrosit
ohne Spb. muschlig	derb	dicht	Pyrit *36* (heller)	*z. T. wichtigstes Golderz!* Das häufigste Goldtellurid; subvulkanische Gänge: Pyrit, Gold, Flußspat
(111)	Körner, Schalen mit Magnetkies Pyrit		etwas heller als Magnetkies *34*	*Wichtigstes Nickelerz!* 1. Liquidmagmatisch mit Magnetkies, Kupferkies, Magnetit, Ilmenit 2. Kontaktmetamorph in Marmor
s. gut (100)	derb	körnig	Pyrit *36* Pentlandit *32* Polydymit	1. Primärmagmatische Nickelmagnetkieslgst. 2. Co-Ni-Cu-Erzlagerst. 3. Sedimentäre Bleiglanzlgst. mit Pyrit, Bleiglanz
(001) u. (110) würflig! klein-muschlig	derb	dicht feinkörnig	Arsenkies *42* Kupferkies *34* Fahlerz *58* (mit Entmischg. von Zinkblende)	*z. T. wichtiges Zinnerz!* 1. Auf Zinnerzgängen: Chalkopyrit, Tetraedrit, Galenit, Blende, Wolframit, Arsenopyrit, Kassiterit, Pyrit, Quarz 2. Hochhydrothermale Zinkblendelgst.

Name und chemische Formel	Farbe	Strich	Härte Dichte	Kristalle System	Habitus	Raumgruppe Klasse
Cubanit (Chalmersit) $CuFe_2S_3$	bronzegelb, fast wie Magnetkies	rotbronzegelb, schwarz	3½–4 4,10	rh. ps.-hex.	Kr. selt. gestreckt n. [001]	D_{2h}^{16} rh.-bipyr.
Chalkopyrit (Kupferkies) $CuFeS_2$ 34,5% Cu	messinggelb; goldgelb anlauf., selt. blau oder bunt angel.	grünl. schwarz	4 4,1–4,3	tetr. ps.-kub.	oktaedr. tetraedr. gestreift	D_{2d}^{12} tetr.-skal.
Millerit (Gelbnickelkies; Haarkies) NiS-γ	speisgelb, messinggelb	schwarz n. grünl.	4 5,5	hex.	haarf. nadelf.	C_{3v}^{5} ditrig.-pyr.
Magnetkies (Pyrrhotin) FeS bzw. $Fe_{11}S_{12}$ (nickelh.) 36,5% S, bis 5% Ni	bronzegelb; braun anlauf. und dann matt „tombakbraun“	schwarz	4½ 4,5	hex.	taflig, spitzpyramidal Kr. selt., meist klein	D_{6h}^{4} dihex.-bipyram.

Spaltbarkeit Bruch	Aggregate Form	Aggregate Struktur	Ähnliche Minerale	Verwendung Vorkommen und Begleiter
gut (001) schl. (110)			Magnetkies *34* Kupferkies *34* (lamellare Einlagerung in Kupferkies, Zinkblende)	1. Hochhydrothermale Golderzgänge und Kupferkieslgst. 2. Liquidmagmatisch in Nickelmagnetkieslgst. 3. Kontaktmetasomatische bzw. kontaktmetamorphe Lgst.
(111) (201) muschlig	derb nierig	dicht feinkörnig	Pyrit *36* Markasit *36* Magnetkies *34* Gold *32* wenn schwarz angel.: Fahlerz *58* Zinkblende *70*	*Wichtiges Kupfererz!* *Eins der häufigsten Minerale* 1. Pegmatitisch-pneumatolytische Gänge mit Kupferglanz, Pyrit 2. Hydrothermale Gänge, Verdrängungen und Imprägnationen 3. Sedimentär-syngenetisch in Schiefern und Kohlen Malachit, Bornit, Tetraedrit, Galenit, Blende, Pyrit, Arsenopyrit, Magnetkies, Kobaltin, Kassiterit, ged. Wismut, Cuprit, Chalkopissit, Limonit, Siderit, Dolomit, Ankerit, Baryt, Fluorit, Amphibol, Pyroxen, Granat
s. gut (10$\bar{1}$1) u. (01$\bar{1}$2)	derb, radialstrahlig	fasrig		1. Auf Kobalt-, Silber- und Eisenerzgängen: Chloanthit, Gersdorffit, Siderit, Limonit, Baryt, Fluorit, Calcit 2. Auf Klüften in Steinkohlen und Toneisenstein 3. In Serpentin-Olivingest. mit Cr-Granat, Nickelmagnetkies
(0001) (10$\bar{1}$0) schalig	derb blättrig	feinkörnig dicht	Pentlandit *32* Cubanit *34* Bornit *30* Silberkies *32* Rotnickelkies *30*	*Nickelerz!* 1. Selbständige magmatische Lgst. in Gabbrogest. u. ä. 2. Erzgänge: pegmatitisch-pneumatolytische (Blei-, Silber- und Zinnerzgänge) 3. Hydrothermale Goldquarzgänge (hoher Temperatur!) 4. Kontakt alter dunkler Eruptivgesteine, durch Abröstung von Pyrit 5. Regionalmetamorphe Pyritlgst. in Schiefern und Kalken Begl.: Pentlandit, Pyrit, Chalkopyrit, Arsenopyrit, Galenit, Blende, auch Kassiterit, Magnetit, Ilmenit, Sperrylith, ged. Silber, Siderit, Amphibol, Pyroxen, Cordierit

Härte 6

Name und chemische Formel	Farbe	Strich	Härte Dichte	Kristalle System	Kristalle Habitus	Raumgruppe Klasse
Markasit var.: Speerkies FeS_2	speisgelb n. grau, grünlich angel.	schwarz n. grünl.	6 4,7–4,9	rh.	taflig, kurzsäulig, pyramidal, nadlig	D_{2h}^{12} rh.-bipyr.
Pyrit (**Schwefelkies,** Eisenkies) FeS_2 (oft goldh.) 46% Fe, 54% S selenh.	speisgelb, goldgelb; gel. bunt angel.	grünlichschwarz	6–6½ 5,0–5,2	kub.	hexaedr. pentagondodekaedr. oktaedr.; Hexaederflächen: oft gestreift, Oktaederflächen: meist glatt	T_h^6 kub.-disdodek.

3. Weiße

Härte 2

Name und chemische Formel	Farbe	Strich	Härte Dichte	Kristalle System	Kristalle Habitus	Raumgruppe Klasse
Quecksilber Hg	zinnweiß		flüssig 13,6	hex.	flüssig	D_{3d}^5 trig.
Wismut Bi	rötlich silberw.; gel. bunt, grün, rot angel.	hellgrau silberweiß (glänz.)	2 9,7–9,8	hex. ps.-kub.	würflig Dendriten Kr. s. selten	D_{3d}^5 ditrig.-skal.
Tellur Te	zinnweiß	zinnweiß grau	2 6,1–6,3	trig. ps.-hex.	prismat. kurznadlig Kr. selt.	D_3^4, D_3^6 trig.-trap.

Spaltbarkeit Bruch	Aggregate Form	Struktur	Ähnliche Minerale	*Verwendung* Vorkommen und Begleiter
(101) undeutl.	nierig zapfig derb Knollen	fasrig stenglig dicht radialstrahlig	Schwefelkies *36* Kupferkies *34*	1. Hydrothermale Verdrängungslgst. in Kalk und Dolomit 2. Auf tiefhydrothermalen Erzgängen als jüngstes Mineral 3. Konkretionen in Sedimenten: bes. Tonen, Braunkohlen 4. In allen Magnetkiesvorkommen Pyrit, Galenit, Blende, Arsenopyrit, Siderit, Fluorit, Baryt
(100) s. schlecht muschlig	nierig knollig, derb Melnikovit = Pyritgel von verschied. Härte und Farbe; meist sog. „Markasitknollen“	kleinkörnig dicht fasrig dünnstenglig radialstrahl.	Markasit *36* Kupferkies (H = 4!) *34* Millerit (H = 4) *34* Arsenkies *42* Magnetkies *34* Gold *32*	*Wichtiges Schwefel- und Eisenerz! Sehr verbreitet!* 1. In selbständigen Lagern 2. In sulfidischen Erzlagern: Chalkopyrit, Galenit, Blende, Arsenopyrit, Magnetkies, ged. Gold, Magnetit, Specularit, Siderit, Fluorit, Baryt, Dolomit, Ankerit, Calcit, Quarz 3. In Goldgängen und -konglomeraten 4. Sedimentär in Bitumen-, Kohlen- und Kalkgesteinen und daraus metamorph gebildeten „kristallinen Schiefern“

(Silberweiß, Zinnweiß)

	in Tröpfchen	schmierig		*z. T. wichtiges Quecksilbererz!* 1. Zinnoberlagerstätten 2. Erzgänge Cinnabarit, Quecksilberfahlerz
s. gut (0001) gut (02$\bar{2}$1) (geschmeidig!)	derb Bleche, feder- oder tressenartig ästig	meist körnig, dünnstenglig „gestrickt“	Rotnickelkies *30* Breithauptit *30* Linneit *42* Danait *42*	*Wichtiges Wismuterz!* 1. Auf Kobalt-Nickel-Silbererzgängen: Smaltin, Chloanthit, Nickelin, Baryt, Galenit 2. Auf Zinnerzgängen: Pyrit, Kassiterit, Wolframit, Molybdänit, Arsenopyrit, Quarz, Wismutglanz 3. Zinnsilbererzgänge mit Wismutglanz 4. Auf Erzlagern: Chalkopyrit, Amphibol, Pyroxen 5. In vulkanischen Lgst. mit ged. Gold, ged. Tellur, Tetradymit 6. Auf Seifen
s. gut (10$\bar{1}$0) spröde	derb Dendriten	feinkörnig feinstenglig		*Sehr selten!* Auf Gängen mit ged. Gold, Sylvanit, Pyrit, Manganspat, Quarz

Name und chemische Formel	Farbe	Strich	Härte Dichte	Kristalle System	Habitus	Raumgruppe Klasse
Silber Ag	silberweiß; braun, schwarz angel.	silberweiß (glänz.)	2½ 10–11,1	kub.	hexaedr. oktaedr.	O_h^5 kub.-hex. okt.
Sylvanit (Schrifterz) $AgAuTe_4$ 24,2% Au, 62,6% Te	zinnweiß n. stahlgrau hellspeisgelb	grau	2–1½ 8,0–8,3	mkl.	kurznadl. taflig Kr. klein längsgestr.	C_{2h}^4 mkl.-bipyr.
Tetradymit (Tellurwismut) Bi_2Te_2S	silberweiß, hell bleigrau; dunkel angel.	grau	2–1½ 7,2–7,9	hex.	schupp. taflig Vierlinge Kr. klein	D_{3d}^5 ditrig.-skal.
Wismutglanz **(Bismuthin)** Bi_2S_3 81% Bi	zinnweiß n. bleigrau	graulich schwarz	2½ 6,8–7,2	rh.	haarig nadlig säulig längsgestr.	D_{2h}^{16} rh.-bipyr.
Emplektit (Kupferwismutglanz) $CuBiS_2$ od. $Cu_2S \cdot Bi_2S_3$	zinnweiß lichtstahlgrau; gelb angel.	schwarz	2–2½ 6,38	rh.	nadlig Kr. längs- gestr.	D_{2h}^{16} rh.-bipyr.
Altait PbTe (meist silberh.)	zinnweiß n. gelb; bronzegelb anl.	grau	2½–3 8,1–8,2	kub.	hexaedr. Kr. selten	O_h^5 kub.-hex. okt.

Härte 3–4

Name und chemische Formel	Farbe	Strich	Härte Dichte	Kristalle System	Habitus	Raumgruppe Klasse
Antimon Sb	zinnweiß	grau	3 6,6–6,8	hex.	tafl. würfl. Vierlinge Sechslinge Kr. s. selt., klein	D_{3d}^5 ditrig.-skal.
Kongsbergit (Amalgam) $Ag_n\,Hg_m$ z. B. Ag_2Hg_3	silberweiß	grau	3 13,7–14,1	kub.	dodekaedr. Kr. selt.	O_h^5 kub.-hex. okt.

Spaltbarkeit Bruch	Aggregate Form	Aggregate Struktur	Ähnliche Minerale	*Verwendung* Vorkommen und Begleiter
hakig, nicht spaltbar geschmeidig	meist derb zähnig drahtförmig haarförm. Bleche Flitter angeflogen „gestrickt“	selten fein-körnig oder kurz- u. fein-fasrig	Antimonsilber *40* ged. Antimon *38* Elektrum *32*	*z. T. wichtigstes Silbererz!* 1. Auf Erzgängen: Argentit, Pyrargyrit, Proustit, Stephanit, Tetraedrit, Magnetkies, Pyrit, Galenit, Chloanthit, Baryt, Siderit, Fluorit, Calcit, Rhodochrosit, Chlorsilber 2. Biochemisch-sedimentär in bituminösen Schiefern
s. gut (010)	„gestrickt“ Skelette, Dendriten, angeflogen			Auf extrusiv-hydrothermalen Gold-Silber-Tellurgängen: in vulkanischen Gest. Tetraedrit, Blende, ged. Tellur, ged. Gold, Nagyagit, Hessit, Pyrit, Calcit, Quarz, Chalcedon, Flußspat
s. gut (0001) (Kristallschuppen biegsam!)	derb	schuppig-körnig feinkörnig		*Selten!* 1. Vulkanische Goldgänge 2. Intrusiv-hydrothermale Goldquarzgänge: ged. Gold, ged. Wismut, Chalkopyrit, Molybdänit, Magnetit, Quarz
s. gut (001)	derb	stenglig blättrig körnig	Antimonglanz *46* Emplektit *38*	*Wichtiges Wismuterz!* 1. Auf Silber-Kobalt-Nickelerzgängen: Smaltin, Gersdorffit, Chalkopyrit, Siderit, Quarz 2. Auf Zinnsteingängen: neben ged. Wismut, Arsenopyrit, Wolframit, Quarz 3. Auf Erzlagern: Chalkopyrit, Pyrit, Magnetit, Amphibol, Pyroxen, Granat, Calcit
s. gut (010) gut (001)	derb in Quarz eingewachs.	stenglig körnig	Wismutglanz *38*	1. Kobalt-Nickel-Silbererzgänge: Chalkopyrit, Quarz, Baryt 2. Kontaktlgst. mit Wismut
gut (100) sehr st. Glanz!	derb	körnig		Hessit, ged. Gold, Quarz, Calcit
s. gut (0001) gut $(02\bar{2}1)$	derb	körnig blättrig	Dyskrasit *40*	*Nicht häufig*; auf Erzgängen: Antimonit, Kermesit, Antimonocker, Smaltin, Calcit
muschlig	derb angeflogen Bleche	dicht		Cinnabarit, Quecksilber-Fahlerz, Pyrit, Baryt, Calcit

Name und chemische Formel	Farbe	Strich	Härte Dichte	Kristalle System	 Habitus	 Raumgruppe Klasse
Allemontit As_3Sb Eutektoide Gemenge v. Stibarsen (SbAs) und ged. Antimon, ged. Arsen	zinnweiß n. blaugrau; oft dunkelgrau anl.	grau	3½ 6		S. *50*	
Dyskrasit (Antimonsilber) Ag_3Sb	silberweiß; dunkelgrau, gelblich angel.	grau	3½ 9,44–9,85	rh. ps.-hex.	säulig, taflig pyramidal Zw. n. (110)	C_{2v}^1 rh.-pyr.
Platin Pt (Eisen u. andere Platinmetalle enth.)	silberweiß n. stahlgrau	silberweiß (glänz.)	4 14–19	kub.	hexaedr. Krist. s. selt., klein	O_h^5 kub.-hex. okt.
Stibiopalladinit Pd_3Sb 70% Pd	silberweiß n. gelbrosa	schwarz	4-5 9,5	rh. (?)		
Arsen As	zinnweiß n. bleigrau; graul. schwarz anl.	graulich schwarz	4 5,7–5,8		S. *52*	
Cooperit (Pt, Pd)S 86,5% Pt	grauweiß gelbl.-grau		4-5 9,5	tetr.	Kr. s. klein	D_{4h}^9 ditetr.-bipyr.

Härte 5

Löllingit **(Arsenikalkies)** $FeAs_2$ 72,8% As (immer schwefelhaltig, manchm. goldh.)	zinnweiß; grau angel.	grau- schwarz	5 7,1–7,4	rh.	nadlig kurzsäulig Kr. selt.	D_{2h}^{12} rh.-bipyr.
Glaukodot (Co, Fe)AsS 16 bis 25% Co	grau, rötl. silberweiß; gelbl. anl.	schwarz	5 5,9–6,0	mkl. ps.-rh.	säulig	C_{2h}^5 (D_{2h}^{19}) mkl.-prism. (rh.-bipyr.)
Gersdorffit **(Graunickelkies)** NiAsS	zinnweiß n. bleigrau, dunkelgrau anl.	grau- schwarz	5 5,6–6,2		S. *52*	

Spaltbarkeit Bruch	Aggregate Form	Aggregate Struktur	Ähnliche Minerale	*Verwendung* Vorkommen und Begleiter
s. gut (011) gut (001)	derb	körnig	Silber *38*	Auf Silbererzgängen und Silberkobaltgängen: Galenit, ged. Arsen, Pyrargyrit, ged. Silber, Smaltin, Calcit, Baryt
hakig geschmeidig	Blättchen Körner Klumpen	eckig körnig		*Wichtigstes Platinerz!* 1. In Peridoditen, Duniten, bzw. Serpentin; primärmagmatische Ausscheidungen 2. Auf Seifen 3. Auf Quarzgängen Chromit, ged. Gold, Iridium, Iridosmin und andere Platinmetalle
keine	derb	Körner	Sperrylith *44*	Magmatisch, pegmatitisch; in Platinlgst.: Sperrylith, Cooperit
keine muschlig	derb	körnig	Magnetkies *34* Kupferkies *34*	1. Primärmagmatisch in Nickelmagnetkieslgst. 2. Hortonolith-Dunit stets mit Platin, Laurit, Braggit
gut (001)	derb	dicht feinkörnig stenglig	Arsenkies *42*	*Golderz, Arsenerz!* 1. Pneumatolyt. Zinnerzgänge 2. Auf kontaktmetasomatischen, hydrothermalen Gängen und Lagern: Galenit, Blende, Pyrit, Chloanthit, Magnetit, Wismut, Kassiterit, Skorodit, Siderit, Pyroxen, Amphibol, Serpentin 3. Syenitpegmatite neben seltenen Chlor-, Fluor-, Bormineralen, Helvin
gut (001) schl. (110) umgekehrt wie Arsenkies!	derb	dicht körnig stenglig blättrig	Arsenkies *42* Danait *42* Kobaltglanz *42*	Erzgänge mit Kobaltglanz: Arsenkies, Pyrit, Kupferkies, Bleiglanz, Quarz, Chlorit

Name und chemische Formel	Farbe	Strich	Härte Dichte	Kristalle System	Kristalle Habitus	Raumgruppe Klasse
Maucherit (var.: Temiskamit) Ni_4As_3 bzw. $Ni_{11}As_8$	rötlich-silber-weiß, grau-kupferrot angel.	schwarz-grau	5 8,0	tetr.	Kr. selt., quadr. Tafeln, spitze Bipyramiden	D_{4h}^{19} ditetr.-bipyr.
Linneit (Kobaltkies) , Co_3S_4 bzw. $(Co, Ni)_3S_4$ 11–53% Co	rötlich-silber-weiß; gelbl., rot, braun, grau angel.	grau-schwarz	4½–5½ 4,8–5,8	kub.	oktaedr. häufig gute Kr. Zw. n. (111)	O_h^7 kub.-hex. okt.
Speiskobalt (Smaltin) $CoAs_{2-3}$ **Chloanthit (Weißnickelkies)** $NiAs_{2-3}$ bis 40% Ni, 28,14% Ni theor.; bis 60% As	zinnweiß; dunkelgrau angel.	grau-schwarz	5–6 6,4–6,9	kub.	Würfel Krist. oft gekrümmt u. geborst.	T_h^5 kub.-dis. dodek.
Kobaltglanz (Cobaltin) CoAsS (Fe-haltig) 35,5% Co	rötlich silberweiß	grau-schwarz	5½ 6,0–6,4	kub./650° rh.	oktaedr. pent.-dodekaedrisch; Ikosaeder hexaedr.	T^4 kub.-tetr. pent.
Arsenkies (Arsenopyrit) FeAsS (oft kobalth. u. goldh.) 46% As	zinnweiß; grau, gelb, bunt angel.	schwarz	5½ 5,9–6,2	mkl. ps.-rh.	säulig oktaedr. taflig pyramid. Kr. flächenarm	C_{2h}^5 mkl.-prism. bzw. rh.-bipyr.
var.: Danait (Kobaltarsenkies) (Fe, Co)AsS 6–9% Co	zinnweiß n. rötl. silberw.	grau-schwarz	5½ 6,0	rh.	säulig n.[001] nadlig schöne Kr. flächenr.	

Spaltbarkeit Bruch	Aggregate Form	Aggregate Struktur	Ähnliche Minerale	*Verwendung* Vorkommen und Begleiter
	meist derb	stenglig fasrig	Rotnickelkies *30* Rammelsbergit *54*	1. Hydrothermale Gänge (Bi-U-Co-Ni-Ag-Gänge mit Baryt; Co-Ni-Ag-Gänge mit Calcit); Rotnickelkies, Kobaltglanz, Chloanthit, Rammelsbergit
(100) uneben	derb	körnig	Kobaltglanz *42* Ullmannit *54* Gersdorffit *52* Polydymit	*z. T. wichtiges Kobalterz!* 1. Hydrothermale Gänge mit Spateisenstein: Chalkopyrit, Tetraedrit, Galenit, Baryt, Pyrit 2. Pyrometasomatisch auf Lagern: Amphibol, Chalkopyrit, Magnetit
scheinbare Spltbk. durch Zonenbau	derb nierig gestrickt	dicht feinkörnig	Safflorit *54* Rammelsbergit *54* Löllingit *40* Arsenkies *42* Kobaltglanz *42* Skutterudit *44*	*Häufige Co-Ni-Erze!* 1. Auf intrusiv-hydrothermalen Kobalt-, Nickel-, Silbererzgängen mit und ohne ged. Wismut und Uranit; Arsen, Proustit, Baryt, Fluorit, Siderit, Quarz, auch Galenit, Rotnickelkies, Safflorit, Maucherit, Ullmannit, Gersdorffit 2. Aszendent auf den „Rücken" der biochemisch-sedimentären Kupferschiefer 3. Selten in sedimentären metamorphen Kieslgst.
gut (100)	derb nierig	körnig	Danait *42* Linneit *42* Rotnickelkies *30* Wismut *36*	*Kobalterz!* 1. Kontaktpneumatolytisch u. auf Fahlbändern in Gneis, Glimmerschiefer, Marmor, Skarne mit Kupferkies, Magnetkies, Cubanit 2. Auf hydrothermalen Gängen, Goldquarzgänge, Kobaltnickel-Silbergänge 3. Spateisensteingänge
gut (101) und (010)	derb	körnig strahlig fasrig	Löllingit *40* Chloanthit *42* Speiskobalt *42* Pyrit *36* Markasit *36* Magnetkies *34*	*Arsenerz! Sehr häufig!* 1. Auf Bleiglanz-, Silber-, Goldquarz-, Kupferkies-, Spateisen- und Zinnerzgängen 2. Auf Erzlagern in kontaktmet. Kalken 3. Einsprenglinge im Gneis, Glimmerschiefer, Serpentin Blende, Galenit, Chalkopyrit, Pyrit, Magnetit, Kassiterit, Wolframit, Skorodit
gut (010)			Glaukodot *40*	Kobaltin, Chalkopyrit, Magnetkies, Amphibol

Name und chemische Formel	Farbe	Strich	Härte Dichte	Kristalle System	Kristalle Habitus	Raumgruppe Klasse

Härte 6

Name und chemische Formel	Farbe	Strich	Härte Dichte	System	Habitus	Raumgruppe Klasse
Skutterudit (Tesseralkies) $CoAs_3$ bzw. $(Co,Ni,Fe)As_3$	zinnweiß; oft rötl. angel.	schwarz	6 6,8	kub.	oktaedr.	T_h^5 kub.-disdod.
Iridium Ir (platinh.)	silberweiß n. gelbl.	silberweiß	6½ 22,0–23,0	kub.	hexaedr.	O_h^5 kub.-hex. okt.
Sperrylith $PtAs_2$ 56,6% Pt enth. Pd, Rh, Fe, Sb	zinnweiß s. st. Mgl.!	schwarz	6–7 10,6	kub.	hexaedr. oktaedr. pentagondo-dekaedr., Kr. meist winzig	T_h^6 kub.-disdod.
Newjanskit (Osmiridium) (IrOs) 1–12% Pt, 44 70% Ir, 17 40% Os, 2 12% Rh, 7–9% Ru	zinnweiß	grau-schwarz	7 19,0–21,0	hex.	schuppig	D_{6h}^4 dihex.-bipyr.
Aurosmirid (Ir, Os, Au, Ru) 26% Os, 51% Ir, 19% Au, 3% Ru	silberweiß		7 22,0	kub.	Körner	D_{6h}?
Osmit (Os, Ir, Rh) 80% Os, 10% Ir, 5% Rh	hellgrau		7 19–21	hex.	taflig	D_{6h}?
Sysserskit (Iridosmium) (Ir, Os) 0–12% Pt, 17–30% Ir 38–68% Os, 0–4% Rh 9–14% Ru	stahlgrau bis bleigrau	grau schwarz	7 19-21	hex.	taflig blättrig	D_{6h}^4 dihex.-bipyr.

Härte 1–2

4. Graue

Name und chemische Formel	Farbe	Strich	Härte Dichte	System	Habitus	Raumgruppe Klasse
Molybdänglanz (Molybdänit) MoS_2 60% Mo	bleigrau n. violett	dunkel-grau (glänz.)	1½ 4,7–4,8	hex.	schuppig blättrig Kr. selt.	D_{6h}^4 dihex.-bipyr.
Nagyagit (Blättertellurerz) $Pb_5Au(Te, Sb)_4S_{5-8}$ 13–30% Te, 6–13% Au	schwärzlich bleigrau eisenschwarz	graulich-schwarz n. braun	1–1½ 6,8–7,49	tetr. rh. ?	Kr. blättr. dünntafl. n. (010) schupp.	S_4^1 tetr.-bi-sphen.

Spaltbarkeit Bruch	Aggregate Form	Struktur	Ähnliche Minerale	*Verwendung* Vorkommen und Begleiter
gut (100)	derb	grobkörnig	Smaltin *42* Kobaltglanz *42*	Kontaktmetasomatisch in sog. Fahlbändern: Kobaltin, Speiskobalt, Chloanthit, Magnetkies, Amphibol, Granat, Quarz
gut (100)	in losen Körnern			Ged. Platin, Osmirid, ged. Gold, Chromit
	Körner			1. Magmat. Nickelmagnetkieslgst. 2. „Pegmatite" in Noriten und Duniten Kupferkies, Pentlandit, Magnetkies, Gold, Platin
gut (0001)	in losen Platten Körnern			*Iridium- und Platinerz!* Ged. Platin, Iridium, ged. Gold, Chromit
				Erz für Platinmetalle! 1. Nickelmagnetkieslgst. mit Platinmetallen. 2. Seifen mit Gold, Platin
(0001)				*Erz für Platinmetalle!* 1. Nickelmagnetkies-Chromit-Lgst. 2. Seifen mit Platinmetallen und Gold
gut (0001)	in losen platten Körnern			*Erz für Platinmetalle!* Auf Seifen mit ged. Platin, ged. Gold, Chromit
gut (0001)	derb	schuppig blättrig	Graphit *54*	*Wichtigstes Molybdänerz!* 1. Pegmatit.-pneumatolytisch auf Zinnerzgängen: Wolframit, Arsenopyrit, Kassiterit, ged. Wismut, Quarz 2. Auf Erzlagern und in Kontaktlgst.: Magnetit, Blende, Pyrit, Chalkopyrit, Magnetkies, Amphibol, Pyroxen, Pistazit, Calcit 3. Auf Quarzgängen
s. gut (010) biegsam, mild	derb blättrig	körnig schuppig		Auf subvulkanischen u. tiefhydrothermalen Golderzgängen: Sylvanit, Calaverit, ged. Gold, Pyrit, Altait, Tellur, Alabandin, Quarz, Manganspat, Braunspat

Name und chemische Formel	Farbe	Strich	Härte Dichte	Kristalle System	 Habitus	 Raumgruppe Klasse
Sylvanit (Schrifterz) (Au, Ag)Te_2 24,2% Au	licht stahlgr. n. zinnweiß b. lichtspeisgelb	grau	2 8,0–8,3		S. *38*	
Tetradymit Bi_2Te_2S	bleigrau	grau	2 7,4		S. *38*	
Teallit $PbSnS_2$ 30% Sn	schwärzlichgrau, grauweiß	schwarz	2 6,4	rh. ps.-tetr.	taflig Kr. s. groß	D_{2h}^{16} rh.-bipyr.
Livingstonit $HgSb_4S_7$ 25% Hg	tiefrot dschein. opak hellbleigrau	rot	2 4,81–5,0	rh. ps.-tetr.	säulig	C_{2h}^{5} mkl. prism.
Miargyrit (Silberantimonglanz) $AgSbS_2$ 36,9% Ag	dunkelstahlgrau eisenschw.	bräunlich- rot kirschrot dsch.	2–2½ 5,2	mkl.	dicktaflig kurzsäulig Kr. klein, oft gestreift	C_{2h}^{6} mkl.-prism.
Silberglanz **(Argentit)** Ag_2S var.: Akanthit 87,1% Ag	schwärzl.bleigr. u. eisenschw., meist angel.	dunkel- grau (glänz.)	2–2½ 7,3	kub./179° mkl. ps.-rh.	meist würfl. oktaedr. dodekaedr. ikositetr. Kr. oft ver- zerrt, spießig: Akanthit	O_h^{9}/C_{2h}^{5} kub.-hex. okt. / mkl.- prism.
Kylindrit 3 PbS · SnS_2 · $SnSb_2S_8$ bzw. $Pb_3Sn_4Sb_2S_{14}$ 24,8% Sn	dunkelbleigr. st. glänz.	schwarz	2½ 5,46	unbek.	zylindr. schalig	?
Antimonglanz **(Antimonit, Stibnit)** Sb_2S_3 (goldhalt.) 71,4% Sb	bleigr. gel. bunt angel.	graulich schwarz	2½ 4,6	rh.	spießig nadlig, n. [010] haarig, säulig Kr. oft längs gestreift	D_{2h}^{16} rh.-bipyr.
Emplektit (Kupferwismutglanz) $CuBiS_2$	licht stahlgr. zinnweiß, oft gelb angel.	schwarz	2–2½ 6,38		S. *38*	

Spaltbarkeit Bruch	Aggregate Form	 Struktur	Ähnliche Minerale	*Verwendung* Vorkommen und Begleiter
s. gut (001)			Franckeit	*z. T. wichtiges Zinnerz!* Extrusiv-hydrothermale Zink-Zinnerzgänge: Zinkblende, Arsenkies, Pyrit, Zinnkies, Jamesonit, Greenockit, Schwefel, Realgar
s. gut (001)		fasrig blättrig	Antimonglanz *46*	*z. T. wichtiges Quecksilbererz!* Extrusiv-hydrothermal: Zinnober, Antimonit, Valentinit, Schwefel, Gips
schlechte Spbkt. kleinmuschlig	derb		Fahlerze *52, 58* Rotgültigerze *78*	*Wichtiges Silbererz!* Silbererz- und Silber-Zinnerzgänge mit Bleiglanz, Zinkblende, Stephanit, Freibergit, Pyrargyrit, Antimonit, Berthierit
(100) selt. deutl. Bruch muschlig geschm. wie Blei	derb angeflogen blechförmig gestrickt mulmig = Silberschwärze	Silberträger in Bleiglanz!	Kupferglanz *56*	*Wichtiges Silbererz!* 1. Auf Silber-Bleiglanzgängen, bes. vulkanischen Bleiglanzgängen: Pyrargyrit, Proustit, ged. Silber, Stephanit, Pyrit, Markasit, Galenit, Blende, Nickelin, Chloanthit, Baryt, Fluorit, Calcit, Siderit, Rhodochrosit 2. Mit Chlorsilber im Sandstein 3. Zementationszone
keine Spbkt. schalig	charakteristische Zylinder- Büschel			*z. T. wichtiges Zinnerz!* Hydrothermale Silber-Zinnerzgänge: Zinnkies, Zinnstein, Pyrit, Zinkblende, Jamesonit, Franckeit
gut (001) Spaltflächen oft quer gestreift schlecht (100) u.(101)	derb	stenglig strahlig haarförmig körnig dicht	Wismutglanz *38* Bleispießglanze Pyrolusit *54* Bleiglanz *48*	*Wichtigstes Antimonerz!* Antimonocker, Kermesit, Realgar, Pyrit, ged. Gold, Baryt, Siderit, Quarz 1. Auf selbständigen Antimonit-Quarzgängen 2. Blei- und Silbererzgänge 3. Metasomatisch in Kalk

Name und chemische Formel	Farbe	Strich	Härte Dichte	Kristalle System	 Habitus	 Raumgruppe Klasse
Freieslebenit $Pb_3Ag_5Sb_5S_{12}$ oder $6\,PbS \cdot 5\,Ag_2S \cdot 5\,Sb_2S_3$	stahlgr. b. bleigr. schwarz angel.	grau	2–2½ 6,2	mkl.	kurznadl. Kr. flächen- reich, st. längsgestr.	C_{2h}^5 mkl.-prism.
Jamesonit (Federerz) $Pb_4FeSb_6S_{14}$ oder $2\,PbS \cdot Sb_2S_3$ 50,8% Sb	stahlgr.	grau schwarz	2½ 5,6	mkl.	nadlig haarig	C_{2h}^5 mkl.-prism.
Zinckenit $Pb_6Sb_{14}S_{27}$ oder $PbS \cdot Sb_2S_3$	dunkelgr. bleigrau; oft blau angel.	stahlgrau rotbraun	2½–3 5,3	hex. ps.-rh.	nadlig,säulig, stets sechs- seitige, längs- gestr. Dril- linge	C_6^6? C_{6h}^2? hex.-pyr.
Patrinit (Aikinit) $PbCuBiS_3$ oder $2\,PbS \cdot Cu_2S \cdot Bi_2S_3$	dunkel bleigrau; oft bräunl. gelb angel.	grau schwarz	2½ 6,8–7,2	rh.	nadlig,haarig gestreifte quer- geknickte Kr.	D_{2h}^7? C_{2v}^8?
Plagionit $Pb_5Sb_8S_{17}$ oder $9\,PbS \cdot 7\,Sb_2S_3$	schwärzl. bleigr. b. stahlgr.	grau schwarz n. rötl.	2½ 5,4–5,6	mkl.	dicktafl.	C_{2h}? mkl.-prism.
Geokronit $Pb_5(As, Sb)_2S_8$ oder $5\,PbS \cdot AsSbS_3$	licht-bleigrau; oft schwarz angel.	dunkel- grau graublau	2½ 6,5	mkl. (?) ps.-hex.	Kr. s. selt., nicht nadlig	
Hessit (Tellursilber) Ag_2Te (z. T. goldhalt.)	bleigr. b. licht stahlgrau, bisw. schwarz angel.	hellgr. (glänz.)	2½ 8,2–8,5	kub./150° mkl.	hexaedr. aus Lamellen Kr. selten, oft verzerrt	C_{2h}^1 oder C_2^1
Petzit Ag_3AuTe_2 bis 75% Au, 24,4% Te	stahlgr. b. eisen- schwarz	grau (glänz.)	2½ 8,7–9,13	kub./rh.	Kr. selt.	?
Clausthalit PbSe	bleigrau fast schwarz	grau schwarz	2½ 7,6–7,8	kub.	keine Kr.	O_h^5 kub.-hex.okt.

Härte 3

Bleiglanz **(Galenit)** PbS (fast immer silberh.) 86,8% Pb	(rötlich)- bleigrau	dunkel- grau	3 7,2–7,6	kub.	hexaedr. oktaedr. kubooktaedr.	O_h^5 kub.-hex.okt.

Spaltbarkeit Bruch	Aggregate Form	Struktur	Ähnliche Minerale	*Verwendung* Vorkommen und Begleiter
schlecht (001) muschlig	derb	dicht feinkörnig	Pyrargyrit *50*	Auf Silbererzgängen: Pyrargyrit, Argentit, Galenit, Baryt, Siderit, Calcit, Quarz
gut (001)	derb haarig	stenglig fasrig dicht	Zinckenit *48* Antimonit *46* Boulangerit *50* Geokronit *48*	*Antimon-Bleierz!* Hydrothermale Gänge hoher und niederer Temperatur: Bleizinkerzgänge, Gold-Antimongänge, Goldquarzgänge, Zinnsilbererzgänge Galenit, Blende, Bournonit, Bindheimit
uneben Kr. zerbrechl.	derb buschlig	strahlig	Antimonglanz *46* Bleispießglanze	Auf Bleizinkerzgängen mit Antimonit, Galenit, Bournonit, Jamesonit, Boulangerit
gut (010) muschlig				Ged. Gold, Galenit, Quarz, Baryt u. a.
gut (221) uneben	derb traubig	körnig		Quarzige Antimonit-Goldgänge: Galenit, Antimonit, Bournonit
Spbkt. angedeutet muschlig	meist derb (Idioblasten)	körnig erdig	Kr. ähnl. Stephanit *56*	Blei-Zink-Silber-Erzgänge Kupfer-Zink-Bleierzgänge
(100), meist nicht sichtb.	derb	eckig-körnig		Auf extrusiven Gold- und Silbergängen: Sylvanit, Petzit, ged. Gold, ged. Tellur, Blende, Pyrit, Quarz
muschlig	derb	körnig blättrig	Coloradoit	Auf extrus. u. intrusiven hydrothermalen Goldgängen: Sylvanit, Nagyagit, Hessit, ged. Gold, ged. Tellur, Blende, Pyrit, Quarz
gut (100)	derb	körnig	Bleiglanz *48* Eisenglanz *64*	Hydrothermale Gänge bes. mit Roteisenstein, Eisenglanz, Kalkspat, ged. Gold, Quarz, Dolomit, Baryt, Spateisenstein
s. gut (100)	derb	körnig dicht (Bleischweif) dünnschalig dünnstenglig	Antimonit *46* Bleispießglanze Ullmannit *54*	*Wichtigstes Bleierz!* 1. Hydrothermale Erzgänge und hydrothermale Verdrängungen von Kalken 2. Extrusiv-hydrothermale Gänge 3. Kontaktpneumatolytisch (silberreich) 4. Sedimentär syngenetisch Blende, Chalkopyrit; Tetraedrit, Bournonit, Arsenopyrit, Pyrit, Markasit, Pyrargyrit, Zinnober, Baryt, Fluorit, Siderit, Rhodochrosit, Dolomit, Ankerit, Cerussit, Pyromorphit, Anglesit, Quarz, Calcit

Name und chemische Formel	Farbe	Strich	Härte Dichte	Kristalle System	Habitus	Raumgruppe Klasse
Kupferglanz (Chalkosin) Cu_2S	schwärzl.bleigrau bisw. stahlblau; schwarz angel.	dunkelgrau (glänz.)	3 5,7–5,8		S. *56*	
Bournonit $CuPbSbS_3$ oder $2\ PbS \cdot Cu_2S \cdot Sb_2S_3$ 42,4% Pb	lackart. stahlgrau eisenschwarz	grau	3 5,7–5,9	rh. ps.-tetr.	kurzsäulig taflig würflig stumpf-pyramidal	D_{2h}^{13} rh.-bipyr.
Andorit $PbAgSb_3S_6$ oder $2\ PbS \cdot Ag_2S \cdot 3\ Sb_2S_3$	dunkel bleigrau, schwarz	schwarz (glänz.)	3 5,3–5,4	rh. ps.-hex.	kurzsäul. (ps.-hex.) dicktaflig n. (100) Prismenzone gestreift	rh.-bipyr.
Boulangerit $Pb_5Sb_4S_{11}$ oder $5\ PbS \cdot 2\ Sb_2S_3$ 55,2% Pb	bleigrau n. schwarz	schwarz	2½–3 5,8–6,2	mkl. ps.-rh.	säulig Kr. s. selt.	C_{2h}^{5} mkl.-prism.
Stephanit (Melanglanz) Ag_5SbS_4 oder $5\ Ag_2S \cdot Sb_2S_3$ 68,3% Ag	bleigrau, meist schwarz angel.	schwarz (glänz.)	2½—3 6,2–6,3	rh. ps.-hex.	S. *56*	
Berthierit $FeSb_2S_4$	stahlgr. (dunkler als Antimonit), oft auffallend bunt angel.	bräunlich-grau	2–3 3,9–4,3	rh.	kurznadlig haarig	D_{2h}^{16} rh.-bipyr.
Pyrargyrit (dunkles Rotgültigerz) Ag_3SbS_3 59,8% Ag	rötlich, bleigrau bis grauschwarz	kirschrot purpurrot dsch. dsicht.	2½–3 5,8	trig.	prismat. skalenoedr. rhomboedr. flächenreich	C_{3v}^{6} ditrig.-pyr.
Allemontit As_3Sb (eutektoide Gemenge)	bleigrau n. zinnweiß, dunkelgr. anl.	grau	3½ 6	hex.	keine Kr.	

Spaltbarkeit Bruch	Aggregate Form	Aggregate Struktur	Ähnliche Minerale	*Verwendung* Vorkommen und Begleiter
selt. n. (010) muschlig Zwill. wie Zahnräder (Rädelerz)	derb	körnig dicht	Boulangerit *50* Fahlerz *58*	*Wichtiges Blei- und Kupfererz!* Hydrothermale Gänge neben Blei- und Antimonerzen: Tetraedrit, Chalkopyrit, Galenit, Blende, Pyrit, Arsenopyrit, Antimonit, Siderit, Baryt, Quarz
n. (010) oder *keine* Spbkt. muschlig s. spröde	derb	körnig		*z. T. wichtiges Silbererz!* Subvulkanische Silber-Zinn-, Blei-Zink-, Gold-Silbererzgänge: Zinnkies, Alunit, Fahlerz, Nadelzinn, Pyrit, Jamesonit, Antimonglanz, Zinkblende, Quarz, Baryt, Manganspat, Calcit
wellig mit matt seidig. Glanz	derb	dünnstenglig fasrig körnig dicht	Antimonit *46* Jamesonit *48* Bleischweif *49*	1. Hydrothermale Quarz-Antimonitgänge: Galenit, Antimonit, Blende, Siderit, Calcit, Quarz 2. Kieslagerstätten: Galenit, Blende, Pyroxen, Amphibol 3. Spateisensteingänge
gut (010) (in Längsrichtung!)	derb	stenglig fasrig	Antimonit *46*	Quarz-Silbererzgänge mit Antimonit, Blende, Pyrargyrit, Arsenkies u. a.
s. gut – $(10\bar{1}1)$ muschlig splittrig	derb angeflogen	gel. „Silberträger" in Bleiglanz	Proustit *78* Cuprit *78* Miargyrit *46* Roteisen *78* Zinnober *76*	*Wichtiges Silbererz!* Nur hydrothermal, immer auf Gängen (Silber-Blei- usw. Gängen).: Argentit, ged. Silber, Proustit, Stephanit, Quarz, Rhodochrosit, Pyrit, Markasit, Chloanthit, Smaltin, Galenit, Baryt, Siderit
gut (0001)	nierig derb	schalig körnig dicht grobspätig		1. Hydrothermale Co-Ni-Ag-Gänge 2. Antimonitgänge Antimonit, Kermesit, ged. Arsen, Blende, Eisenspat, Calcit

Name und chemische Formel	Farbe	Strich	Härte Dichte	Kristalle		
				System	Habitus	Raumgruppe Klasse
Tetraedrit (Antimonfahlerz) Cu_3SbS_3 bzw. $(Cu, Ag, Fe, Zn)_{12}Sb_4S_{13}$ 25–45% Cu	stahlgrau eisenschwarz	schwarz	3½ 4,5–5,0	kub.	S. *58*	
Schwazit (Hermesit, **Quecksilberfahlerz**) $(Cu, Hg, Fe, Zn)_{12}$ $(Sb, As)_4S_{13}$ bis 17% Hg	dunkelstahlgrau	schwarz	3½ 5,0–5,6	kub.	S. *58*	
Freibergit (Silberfahlerz) $(Ag, Cu, Fe)_{12}Sb_4S_{13}$ 28–36% Ag	bleigrau n. stahlgrau	schwarz	3½ 4,8–5,0	kub.	tetraedr. trigon- dodekaedr.	T_d^3 kub.-hex. tetr.
Wolfsbergit $CuSbS_2$ oder $Cu_2S \cdot Sb_2S_3$	bleigrau eisenschw., bunt angel.	schwarz matt	3½ 4,8–5,0	rh.	taflig prismat.	D_{2h}^{16} rh.-bipyr.
Härte 4						
Arsen As	bleigrau n. zinnweiß grauschwarz anl.	grau- schwarz	3–4 5,4–5,9	hex.	würflig rhomboedr. nadlig, Kr. s. selt., klein	D_{3h}^5 ditrig.-skal.
Manganit MnOOH	stahlgrau st. Mgl. bis dsch. braunschwarz	schwarz- braun	4 4,2–4,4	rh. (mkl.)	S. *58*	
Tennantit (Arsenfahlerz) $Cu_3 As S_3$ bzw. $(Cu, Fe, Zn)_{12} As_4 S_{13}$ 30–53% Cu, 15–20% As	dunkel stahlgr. schwärzl.bleigr.	rötlich braun kirschrot	4 4,4–4,9	kub.	tetraedr. rhomboedr. dodekaedr.	T_d^3 kub.-hex. tetr.
Zinnkies (Stannin) Cu_2FeSnS_4 27,6% Sn	bleigrau n. bronzegelb bronzegelb anl. (m.Entmischung. v. Zinkblende bzw. Kupferkies)	schwarz	4 4,3–4,5	tetr. ps.-kub.	S. *32*	
Härte 5						
Gersdorffit (Graunickelkies) NiAsS 35% Ni	bleigrau n. zinnweiß; dunkelgrau anl.	grau schwarz	5 5,6–6,2	kub.	oktaedr. hexaedr.	T^4 kub.-tetr. pent.

Spaltbarkeit Bruch	Aggregate Form	Struktur	Ähnliche Minerale	*Verwendung* Vorkommen und Begleiter
muschlig	derb		Wichtigster „Silberträger“ im Bleiglanz	Galenit, Pyrargyrit, Proustit, Blende, Rhodochrosit, Siderit, Quarz
s. gut (001) muschlig	derb	feinkörnig		1. Antimonit-Quarzgänge mit Kupferkies, Pyrit 2. Silber- und Silber-Zinnerzgänge: Andorit, Zinnkies, Quarz, Pyrit
gut (0001) (10$\bar{1}$1) (01$\bar{1}$2)	meist nierig Platten derb	schalig feinkörnig feinschuppig feinfasrig dicht		Auf Erzgängen neben Silber- und Kobalterzen: Proustit, Dyskrasit, Galenit, Smaltin, Chloanthit, Nickelin, Antimon, Baryt, Fluorit, Siderit, Ankerit, Dolomit, Calcit
muschlig	derb		Fahlerze *52, 58* Kupferglanz *56*	Extrusiv- und intrusiv-hydrothermale Gänge: Chalkopyrit, Galenit, Blende, Pyrit, Arsenkies, Enargit, Luzonit, Bornit, Kupferglanz
s. gut (100) (s. charakteristisch!)	derb	körnig	Ullmannit *54*	*z. T. Nickelerz!* Auf Spateisensteingängen und Ag-Co-Ni-Gängen: Rotnickelkies, Ullmannit, Nickelblüte, Chalkopyrit, Siderit, Calcit

Name und chemische Formel	Farbe	Strich	Härte Dichte	Kristalle System	Kristalle Habitus	Kristalle Raumgruppe Klasse
Ullmannit NiSbS	bleigrau n. zinnweiß; dklgrau. angel,	grau schwarz	5 6,2–6,5	kub.	hexaedr. oktaedr. tetraedr. Kr. selt.	T^4 kub.-tetr. pent.
Safflorit-Rammelsbergit $CoAs_2 \times NiAs_2$ 28,2% Co × 28,2% Ni	stark zinnweiß meist rötlich od. grau angel.	grau schwarz	4½–5 7,1–7,4	rh.	linsenförmig scheiben- förmig Drillinge quirlförmig Kr. s. selt. und klein	D_{2h}^{12} rh.-bipyr.

Härte 6–7

Eisen Fe	licht stahlgr.	grau (glänz.)	6 7,8	kub.	keine Kr.	O_h^9 kub.-hex. okt.
Polianit **(Polianitpyrolusit)** MnO_2	stahlgr.	schwarz	>7 5,0	tetr.	rhomboeder- ähnlich Kr. selt.	D_{4h}^{14} ditetr.-bipyr.

Härte 1–2

5. Schwarze

Graphit C	eisenschwarz b. dunkelstahlgr.	schwarz (glänz.)	1–2 2,1–2,3	hex.	blättrig dünntaflig schuppig Kr. selt.	D_{6h}^4 dihex.-bipyr.
Pyrolusit (Weichmanganerz) MnO_2 63,0% Mn	stahlgrau eisenschwarz	schwarz (Manganit braun!)	2–6! ~5	tetr. ps.-rh.	säulig nadlig haarig würflig gestreift	D_{4h}^{14} ditetr.-bipyr.

Spaltbarkeit Bruch	Aggregate Form	Struktur	Ähnliche Minerale	Verwendung Vorkommen und Begleiter
s. gut (100) uneben	derb	körnig	Gersdorffit *52* Bleiglanz *48* Speiskobalt *42*	Auf Spateisensteingängen: Kalkspat, Galenit, Chalkopyrit, Tetraedrit, Proustit, Siderit, Linneit, Gersdorffit. Selten!
(100) muschlig	derb nierig	dicht kurzfasrig feinkörnig	Speiskobalt *42* Chloanthit *42* Maucherit *42* Co-arm: ähnl. Rotnickelkies	*Wichtige Kobalterze!* 1. Co-Ni-Ag-Gänge mit Nickelin, ged. Wismut, Löllingit, Siderit, Baryt, Fluorit, Smaltin 2. „Rücken“ (hydrothermale Gänge) in bituminösen Schiefern u. a.
gut (100)	derb eingesprengt			*Selten!* 1. Tellurisch: nickelhaltig, mit Magnetkies, Troilit, Olivin, Bronzit, Graphit 2. Im Basalt als Einschlüsse
gut (010)	derb	großkörnig stenglig fasrig, dicht feinkörnig	Pyrolusit *54*	*Selten!* Pyrolusit, Limonit, Baryt; meist in Wirklichkeit „harter“ Pyrolusit
gut (0001) (biegsam!)	derb	schuppig strahlig dicht	Molybdänglanz *44*	1. Metamorphe sedimentäre Kohlenlager im Gneis, Glimmerschiefer, „Granulit“, Phyllit, Quarzit, körnigen Kalk 2. Kontaktmetamorph in Kalk u. Kalkeinschlüssen (z. B. Gabbro): Pyroxen, Amphibol, Granat, Spinell, Wollastonit 3. Magmatisch in Pegmatiten, Graniten, Porphyren, Basalten und Gneisen
scheinbar n. (010) (110)	derb nierig zapfig kuglig	meist strahl. fasrig körnig	meist in Pseudomorphosen n. Manganit! *58*	*Wichtigstes Manganerz!* 1. Hydrothermal und Verwitterungsprodukt in Gängen von Eisenglanz, Spateisenstein, Psilomelan, Manganit, Limonit, Hämatit, Baryt, Calcit, nicht: Pyrit 2. Oolithisch-sedimentäre Lager und Anreicherungen in der Verwitterungszone

Name und chemische Formel	Farbe	Strich	Härte Dichte	Kristalle System	Habitus	Raumgruppe Klasse
Nagyagit (Blättertellurerz) $Pb_5Au(Te, Sb)_4S_{5-8}$	schwarz bleigr. eisenschwarz	grau schwarz	1–1½ 6,8–7,5		S. *44*	
Polybasit (Eugenglanz) $(Ag, Cu)_{16}Sb_2S_{11}$ oder $8\,Ag_2S \cdot Sb_2S_3$ (arsenhaltig) 65,0–75,5% Ag	eisenschwarz, in dünnen Splittern rot dsch.	schwarz bis tiefrot	1½–2 6–6,3	mkl. ps.-hex.	blättrig schuppig dünntaflig n. (001) auf (001) Dreiecks- streifung	C_{2h} mkl.-prism.
Argyrodit Ag_8GeS_6 76,5% Ag, 6,5% Ge	schwarz stahlgrau n. violett	grau- schwarz (braun)	2½ 6,1–6,3	kub. ps.-rh.	würflig dodekaedr. oktaedr.	kub.-tetr. pent.
Schapbachit $AgBiS_2$ (bleihaltig)	eisenschwarz	grau	2½ 6,9–7,2	kub./210° rh.	taflig nadlig	D_{2h} rh.-bipyr.
Silberglanz **(Argentit,** Akanthit) Ag_2S 87% Ag	schwärzl. grau eisenschwarz	dunkel- grau (glänz.)	2–2½ 7,3		S. *46*	
Petzit Ag_3AuTe_2	eisenschwarz bis stahlgrau matt angel.	grau (glänz.)	2½ 8,2–9,13		S. *48*	

Härte 3

Name und chemische Formel	Farbe	Strich	Härte Dichte	System	Habitus	Raumgruppe Klasse
Kupferglanz **(Chalkosin)** Cu_2S (oft eisen- u. silberh.) 79,8% Cu	schwärzl. bleigr. bis eisenschwarz; stahlblau schwarz angel. [var. Digenit Cu_9S_5; kub.: blau]	schwarz (glänz.)	3 5,5–5,8	rh. hex./105° (ps.-hex.)	dicktaflig kurzsäulig nadlig stumpf pyra- midal	C_{2v}^{15}/D_{6h}^{4} $[O_h^{19}]$ rh.-bipyr. hex.-bipyr. [kub.- hexokt.]
Stephanit (Melanglanz) Ag_5SbS_4 oder $5\,Ag_2S \cdot Sb_2S_3$ 68,3% Ag	eisenschwarz schwärzlich bleigrau matt angel.	grau schwarz	3 6,2–6,3	rh. ps.-hex.	dicktaflig kurzsäulig langsäulig	C_{2v}^{12} rh.-pyr.
Pearceit (Arsenpolybasit) $(Ag, Cu)_{16}As_2S_{11}$ bzw. Ag_9AsS_6 78,4% Ag	schwarz rot dsch.	schwarz	3 6,13–6,17	mkl. ps.-hex.	taflig	C_{2h}^{3} mkl.-prism.

Spaltbarkeit Bruch	Aggregate Form	Aggregate Struktur	Ähnliche Minerale	*Verwendung* Vorkommen und Begleiter
gut (001). uneben	derb (selten)		Argentit *46* Stromeyerit Stephanit *56* Pyrargyrit *50* Pearceit *56*	Auf Silbererzgängen verbreitet: Stephanit, Argentit, Siderit, Calcit, Baryt, Fluorit, Tennantit, Proustit
keine	traubig warzig derb	dicht	Canfieldit Germanit *30* meist auf Markasit	Edle Silbererzgänge! Pyrargyrit, Polybasit, Bleiglanz, Zinkblende, Eisenspat
gut (001)		feinkörnig feinnadlig dicht	innige Verwachs. mit Bleiglanz („Silberträger"!)	Kupferreiche Ag-Bi-Gänge: Quarz, Calcit, Pyrit, Galenit, Kupferkies, Wismut, Wismutglanz (Wenig bekannt!)
schlecht (110); kub. (111) muschlig	derb plattenförmig	dicht	dunkl.Fahlerz *58* Cuprit *78* Bornit *30* Bournonit *50* Silberglanz *46* Stephanit *56* Eisenglanz *64* Magnetit *60* Chromit *62*	*Wichtiges Kupfererz!* In hydrothermal- bis pneumatolytischen Erzgängen 1. Chalkopyrit, Bornit, Enargit, Tennantit, Covellin, Tetraedrit, Malachit, Chrysokoll, Pyrit, Baryt 2. Deszendent in der Zementationszone; 3. Bindemittel in Kupferschiefer, Sandsteinen, Tuffen, syngenetisch
muschlig	derb		Kupferglanz *56* Pyrargyrit *50*	*Wichtiges Silbererz!* Auf Blei-Silbererzgängen: Argentit, Pyrargyrit, ged. Silber, Polybasit, Galenit, Baryt, Fluorit, Siderit, Calcit
keine	derb		Polybasit *56* Stromeyerit	*Wichtiges Silbererz!* Edle Silbererzgänge meist aszendent, selt. deszendent: Tennantit, Proustit, Kupferkies, Bleiglanz, Quarz, Calcit

Name und chemische Formel	Farbe	Strich	Härte Dichte	Kristalle System	Habitus	Raumgruppe Klasse
Enargit Cu_3AsS_4 48,3% Cu (mit Sb)	stahlgrau eisenschwarz n. violett	grau schwarz n. gelb- grau	3½ 4,4	rh.	kurzsäulig kurznadlig grobgestr.	C_{2v}^7 rh.-pyr.
Luzonit Cu_3AsS_4, fast stets Sb	stahlgrau heller als Enargit	schwarz	3½ 4,4	mkl.	unbekannt	C_{2v}? rh.-pyr.?
Andorit $PbAgSb_3S_6$	dunkel bleigrau schwarz	schwarz (glänz.)	3 5,3–5,4		S. *50*	
Bournonit $CuPbSbS_3$	eisenschwarz stahlgrau	grau schwarz	3 5,7–5,9		S. *50*	
Miargyrit $AgSbS_2$	dunkelstahlgrau eisenschwarz	kirschrot bräunl. rot	3 5,8		S. *46*	
Tetraedrit **(Antimonfahlerz)** $(Cu, Ag, Fe, Zn)_{12}Sb_4S_{13}$ oder Cu_3SbS_{3-4} 25–45% Cu, ½–5–32% Ag, 3–6% Zn, 25–30% Sb	eisenschwarz n. stahlgrau (dunkler als Tennantit!)	schwarz n. rötlich- braun	3½ 4,5–5,0	kub.	tetraedr. trigon- dodekaedr. rhomben- dodekaedr. Kr. mit Chalkopyrit überzogen	T_d^3 kub.-hex.- tetr.
Schwazit (Hermesit, **Quecksilberfahlerz)** $(Cu, Hg, Fe, Zn)_{12}$ $(Sb, As)_4S_{13}$ bis 17% Hg	eisenschwarz stahlgrau	schwarz	3½ 5,0–5,6	kub.	tetraedr. rhomben- dodekaedr.	T_d^3 kub.-hex.- tetr.

Härte 4

Name und chemische Formel	Farbe	Strich	Härte Dichte	System	Habitus	Raumgruppe Klasse
Manganit MnOOH oder $Mn_2O_3 \cdot H_2O$ 62,5% Mn	braunschwarz (Pyrolusit: schwarz) frisch: schwach. Mgl.	dunkel- braun	4 4,2–4,4	(mkl.) rh.	kurz- u. lang- pris.; vertik. gestreift Knie- u. Kreuz-Zw.	C_{2h}^5 (mkl.-prism.) rh.-bipyr.
Alabandin (Manganblende) MnS-α	eisenschwarz; oft dunkelbraun angel.	schwärz- lichgrün fast unds.	4 4,0	kub.	oktaedr. Kr. selt.	O_h^5 kub.-hex. okt.
Christophit (var. von Zinkblende) (ZnS)×(FeS) bis 20% Fe	eisenschwarz	bräunl. schwarz	4 4	kub.	keine Kr.	T_d^2 kub.-hex.- tetr.

Spaltbarkeit Bruch	Aggregate Form	Aggregate Struktur	Ähnliche Minerale	*Verwendung* Vorkommen und Begleiter
gut (110) s. gut (010) (100)	derb	körnig spätig	Manganit-Kr. *58* Zinkblende *70* u. U. Pyrolusit *54* Famatinit	*Wichtiges Kupfererz!* Hydrothermale Gänge: Tennantit, Chalkopyrit, Pyrit, Kupferglanz, Bornit, Luzonit, Covellin, Blende
Spbkt. schlecht	derb	feinkörnig		Enargit, Famatinit
muschlig	derb	wichtigster „Silberträger" im Bleiglanz	Kupferglanz *56* Tennantit *52*	*Wichtiges Silbererz! Kupfererz!* 1. Extrusive und intrusive hydrothermale Silber- und Silberzinnerzgänge: Chalkopyrit, Galenit, Bournonit, Blende, Pyrit, Malachit, Azurit, Siderit, Baryt, Rhodochrosit, Dolomit, Calcit, Quarz, Proustit u. a.
muschlig	derb			*z. T. wichtiges Quecksilbererz!* Sideritgänge: ged. Quecksilber, Cinnabarit, Chalkopyrit, Baryt, Quarz
s. gut (010) gut (110)	derb	selten körnig dünnstenglig	Antimonit *46* nicht häufig! meist zu Pyrolusit verwittert	Selbständige Gänge niederer Temperatur; bes. in Eruptivgest., nicht in metamorph. Lgst.: Pyrolusit, Baryt, Calcit, Eisenglanz, Roteisen. Nicht: Pyrit
s. gut (100)	derb	körnig blättrig		Extrusive Golderzgänge mit Blende, Pyrit, Galenit, Schwefel, Rhodochrosit, Rhodonit (Hüttenprodukt)
gut (110)	derb	körnig		Auf kontaktmetasomat. Erzlgst.: Magnetit, Arsenopyrit, Löllingit, Pyrit, Chalkopyrit, Magnetkies, Galenit, Granat, Pyroxen, Amphibol

Name und chemische Formel	Farbe	Strich	Härte Dichte	Kristalle System	Kristalle Habitus	Kristalle Raumgruppe Klasse
Wolframit (Fe, Mn) [WO_4] bis 75% WO_3	schwarz braunschwarz	bräunl. schwarz	5–5½ 7,2–7,5	mkl.	kurzsäul. n. (110) dicktafl. n. (100) nadl. mit Vertikalstreifung	C_{2h}^4 mkl.-prism.
var. **Hübnerit** Mn[WO_4] 60,7% W	braun, braunschwarz; halbmet.; braunrot dsch.	gelbbraun rotbraun, grünl.grau				
var. **Ferberit** Fe[WO_4] 60,5% W	schwarz, grauschwarz unds.	tiefbraunschwarz				
Hausmannit Mn_3O_4 72% Mn (gelegtl. Zn-halt.)	eisenschwarz	rötlichbraun	5½ 4,7–4,8	tetr.	spitz pyramidal	D_{4h}^{19} ditetr.-bipyr.
Hollandit $MnBaMn_6O_{14}$	stahlgrau schwarz	tiefschwarz blauschwarz	bis 6 4,95	trkl. ps.-tetr.	säulig	
Magnetit (Magneteisenerz) Fe_3O_4 oder $FeO \cdot Fe_2O_3$ (isomorphe Beimengungen bes. von Titan) 72,4% Fe	eisenschwarz	schwarz	5½ 4,9–5,2	kub.	oktaedr. dodekaedr.	O_h^7 kub.-hex.-okt.
Arkansit (var. von Brookit) TiO_2	schwarz Metallglanz diamantartig	grau schwarz	5½ 4	rh. ps.-hex.	Pyramiden	D_{2h}^{15} rh.-bipyr.

Spaltbarkeit Bruch	Aggregate Form	Struktur	Ähnliche Minerale	*Verwendung* Vorkommen und Begleiter
gut (010) mit st. Metgl.!	derb	dünnstenglig schalig dünntaflig	Columbit *62* Zinnstein *76, 154* (ist unmagnet.!) Niobit-Tantalit *62*	*Wichtigstes Wolframerz!* 1. Meist auf Zinnerzgängen: pegmatitisch-pneumatolytisch: Arsenopyrit, Molybdänit, Antimonit, Kassiterit, Stannin, ged. Wismut, Wismutglanz, Scheelit, Fluorit, Apatit, Lithionglimmer, Quarz, Turmalin 2. Epithermale Gänge mit Scheelit, Turmalin, Quarz, Feldspat u. a. 3. Selten auf Bleiglanzgängen Magmen-nahe: pegmatitisch-pneumatol. (Zinnstein) Magmen-fern: hydrothermale Quarzgänge (Magnetkies)
gut (001) (charakteristisch!)	derb	körnig	Magnetit *60* Braunit *62*	1. Regional- und kontaktmetamorph an Kalk und Dolomit 2. In Manganitgängen Begl.: Pyrolusit, Psilomelan, Braunit, Baryt, Dolomit
s. gut (110)	nur derb	körnig stenglig	Bixbyit *62* Braunit *62* Psilomelan *74* Pyrolusit *54*	Kontaktmetamorph-regionalmetamorphe Manganerzlgst.: Sitaparit, Braunit, Manganit
muschlige Absonderung nach (111)	derb	dicht körnig	Chromit *62* Ilmenit *62* Nigrin *64* Hausmannit *60*	*Wichtigstes u. verbreitetstes Eisenerz!* 1. Selbständige kontaktpneumatolytische, regionalmetamorphe u. primärmagmat. Lgst. 2. Einsprenglinge in Chloritschiefer, Talkschiefer, Hornblendeschiefer, Strahlsteinschiefer, Serpentin, körnig. Kalk 3. Einschlüsse in Basalt 4. Lose als Sande Begl.: Blende, Arsenopyrit, Löllingit, Pyrit, Chalkopyrit, Specularit, Ilmenit, Spinell, Amphibol, Pyroxen, Olivin, Granat, Apatit, Calcit
(110)			Rutil *64* Titaneisen *62*	

Name und chemische Formel	Farbe	Strich	Härte Dichte	Kristalle System	Habitus	Raumgruppe Klasse
Härte 6						
Chromit (Chromeisenerz) $Cr_2(Mg, Fe)O_4$ od. $(Mg, Fe)O \cdot Cr_2O_3$ 46,7% Cr	eisenschwarz; tiefbraun dsch.	braun	5½–6 4,5–4,8	kub.	oktaedr. Kr. meist klein u. selt.	O_h^7 kub.-hex. okt.
Jakobsit (Magnoferrit) Fe_2MnO_4 oder $MnO \cdot Fe_2O_3$ 24% Mn	schwarz st. Mgl.	schwarzbraun rötlichschwarz	6 4,7	kub.	oktaedr. hexakisoktaedr.	O_h^7 kub.-hex. okt.
Columbit (Niobit)-**Tantalit** $(Fe, Mn)(Nb, Ta)_2O_6$ 22,0–54,5% Nb, 43–66% Ta	eisenschwarz n. bräunl. fast opak; rot dsch.	bräunlichschwarz	6 5,3–8,1	rh.	taflig Columb.: kurzsäul. Tantalit: kurznadl.	D_{2h}^{14} rh.-bipyr.
Franklinit $Fe_2(Mn, Zn)O_4$ bzw. $(Zn, Fe, Mn)O \cdot (Fe, Mn)_2O_3$ oder $ZnO \cdot Fe_2O_3$ 7–20,5% Zn	eisenschwarz	rötlichbraun	6–6½ 5–5,2	kub.	oktaedr. Kr. meist abger. Kant.	O_h^7 kub.-hex. okt.
Ilmenit (Titaneisenerz) $FeTiO_3$ 31,6% Ti, 36,8% Fe oft Fe_2O_3 im Überschuß	eisenschwarz	schwarz rötlichbraun	6 4,72–4,76	trig.	taflig rhomboedr.	C_{3i}^2 trig.-rhomboedr.
Braunit $3\,Mn_2O_3 \cdot MnSiO_3$ bis 70% Mn	eisenschwarz (fettig)	bräunlichschwarz	6–6½ 4,7–4,9	tetr. ps.-kub.	pyramidal Kr. klein, oktaederähnl.	D_{4h}^{20} ditetr.-bipyr.
Bixbyit (Sitaparit) $(Mn, Fe)_2O_3$ bis Mn_2O_3-α bis 50% Fe	schwarz n. bronzegelb (wie Magnetkies)	schwarz n. rötlichbraun (glänz.)	6–6½ 4,75–5	kub.	Würfel	T_h^7 kub.-disdod.

Spaltbarkeit Bruch	Aggregate Form	Struktur	Ähnliche Minerale	*Verwendung* Vorkommen und Begleiter
keine Spbkt. muschlig	derb	körnig dicht	Magnetit *60* Franklinit *62* Gahnit *166* Hercynit *98* Picotit *76*	*Einziges Chromerz!* 1. Primär magmatisch in Peridotit bzw. Serpentin: Olivin, Bronzit, Rhodochrom, Chromgranat 2. Lose in Seifen mit Platin u. Magnetit 3. In Serpentingest. primär magmat. umhüllt von Rotnickelkies
	derb	körnig	Braunit *62*	Kontaktmetamorph-regionalmetamorphe Manganerzlgst. in Marmor: Rhodonit, ged. Kupfer, Skarnminerale
(100)	oft derb		u. d. Mikr. T. stark, C. kaum pleochroitisch!	*Niob-Tantalerze!* In Granitpegmatiten mit Beryll, Kryolith
(111) schlecht muschlig	derb	körnig dicht	Chromit *62* Magnetit *60* Gahnit *166* Hercynit *98* Picotit *76*	*lokal wichtiges Zinkerz!* In kontaktpneumatolytisch-regionalmetamorphen Kalken mit Zinkit, Willemit, Calcit, Rhodonit, Granat, Troostit, Axinit und vielen anderen seltenen Mineralen
ohne Spbkt. schalige Absonderung n. $(10\bar{1}1)$	derb	dicht körnig Plättchen „Eisenrose"	Magnetit *60* Hämatit *64*	*Titanerz!* 1. Primär magmatische Lager in basischen Eruptivgesteinen 2. Auf „alpinen Klüften": Rutil, Titanit, Apatit, Feldspäte, Bergkristall, Serpentin 3. Lose in Seifen
gut (111)	derb Krusten	körnig	Magnetit *60* Hausmannit *60*	*Wichtiges Manganerz!* 1. Regional- und kontaktmetamorph an Kalk und Dolomit 2. Neben Hausmannit auf Manganitgängen Pyrolusit, Psilomelan, Hausmannit, Baryt, Calcit
(111)	Idioblasten derb „Skelette"	körnig	Braunit *62* Jakobsit *62* Magnetkies *34* Vredenburgit *63*	*Wichtiges Manganerz!* 1. Regionalmetamorphe Manganerzlgst. 2. Kontaktmetamorphe, pneumatolyt. Mn-Lgst. *wahrscheinlich sehr verbreitet!*

Name und chemische Formel	Farbe	Strich	Härte Dichte	Kristalle System	Habitus	Raumgruppe Klasse
Vredenburgit $(Mn, Fe)_3O_4$ 54–91% Mn_3O_4	dunkelgrau n. bronzegelb	schwarz- braun (matt)	4–5 ~ 5	kub./tetr.		O_h?
Hämatit (var. **Specularit,** **Eisenglanz)** Fe_2O_3-α 70% Fe	schwarz dunkelstahlgrau; bunt angel. erdig: rot	kirschrot bräunlich- rot rötlich- braun	6½ 5,2–5,3	hex.	taflig blättrig schuppig rhomboedr. pyramidal linsenförmig (0001) oft Dreiecks- streifung	D_{3d}^6 ditrig.-skal.
Rutil TiO_2 60 % Ti var. Nigrin: mit. Eisen var. Ilmenorutil: mit Niob u. Tantal	eisenschwarz rotbraun	gelblich- grau blaßgelb- lich-braun	6–6½ 4,2–4,3	tetr.	säulig nadlig	D_{4h}^{14} ditetr.-bipyr.
Kassiterit **(Zinnstein)** SnO_2 78,7% Sn	eisenschwarz braungrau selt. rot u. gelb	blaßbraun	6½–7 6,8–7,1		S. *76, 154*	

Spaltbarkeit Bruch	Aggregate Form	Struktur	Ähnliche Minerale	*Verwendung* Vorkommen und Begleiter
(111)	derb	körnig zerfällt in Hausmannit- u. Jakobsit-lamellen	Braunit *62* Bixbyit *62*	Kontaktmetamorphe Manganerzlgst.: ged. Kupfer, Skarnminerale
schalige Ab-sonderungen n. (10$\bar{1}$1)	derb (meist nur halbmet.: „Roteisen-erz")	körnig stenglig strahlig schuppig blättrig dicht „Eisenrose" erdig	Ilmenit *62* Magnetit *60* Chromit *62* Nigrin *64* Rotgültig *78* Zinnober *76*	*Wichtiges Eisenerz!* 1. In regionalmetamorphen Glimmer-schiefern und Quarziten Magnetit, Pyrit 2. Kontaktmetasomatisch, pegmatitisch-pneumatolytisch in Gängen und Lagern 3. In alpinen Klüften mit Silikaten 4. Sublimationsprodukte an Vulkanen 5. Verwitterungslgst.
s. gut (100) gut (110)	derb	strahlig körnig	Magnetit *60* Ilmenit *62* Wolframit *60* Rotzinkerz *86* Kassiterit *76* Zirkon *160* Turmalin *160*	*z. T. Titanerz!* 1. Einsprenglinge und auf Klüften in kristallinen Schiefern mit Titaneisen-erz, Titanit, Anatas, Brookit, Feld-späten, Apatit, Bergkristall 2. Pegmatitisch-pneumatolytische Gänge mit Topas, Turmalin, Magnetit, Apa-tit, Amphibol 3. In Seifen (bes. Nigrin) neben Gold

II. HALBMETALLISCHE UND NICHTMETALLISCHE MINERALE VON FARBIGEM STRICH

1. Schwarz und grau

Härte 1—3 68
„ 4—5 68
„ 6 70

2. Braun

Härte 1—3 }
„ 3—4 } 70
„ 5—6 72
„ 6—7 76
„ 8 76

3. Rot

Härte 1—2 76
„ 3 78
„ 4 78
„ 6 78

4. Gelb

Härte 1 80
„ 2 80
„ 3 80
„ 4 86
„ 5—6 88

5. Grün

Härte 1—2 88
„ 3 92
„ 4—5 94
„ 6 96
„ 7 98

6. Blau

Härte 2 98
„ 3—4 100
„ 5—6 100

II.

Statistische Darstellung der angeführten halbmetallisch glänzenden und nichtmetallisch glänzenden Minerale mit farbigem Strich nach der Häufigkeit der kristallchemischen Mineral-Klassen

I Elemente
II Sulfide, Arsenide, Selenide, Telluride, Antimonide, Bismutide
III Halogenide
IV Oxyde, Hydroxyde (einschließlich des Nb, Ta, Ti)
V Karbonate, Borate, Nitrate
VI Sulfate
VII Phosphate, Arsenate, Tellurate
VIII Vanadate, Chromate, Molybdate, Wolframate, Uranate
IX Silikate
X Organische

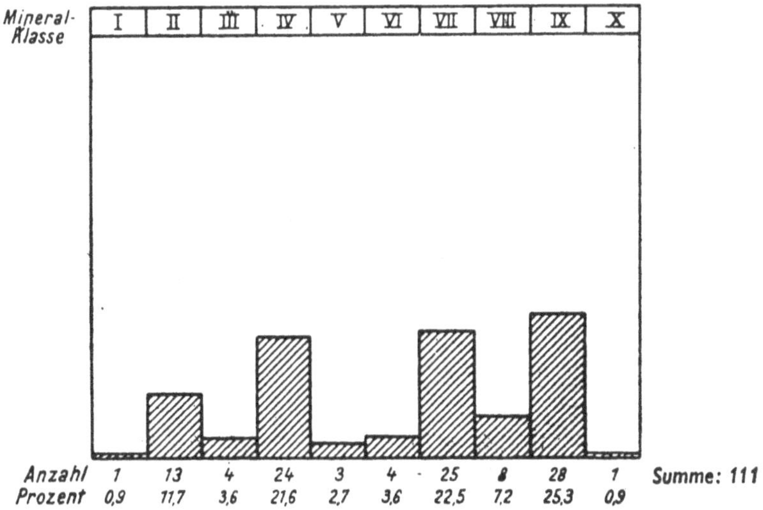

II. HALBMETALLISCH GLÄNZENDE UND NICHTMETALLISCH

Härte 1–3

1. Von schwarzem oder grauem

Name und chemische Formel	Farbe	Glanz Durchsichtigkeit	Strich	Härte Dichte	Kristalle System	Kristalle Habitus	Kristalle Raumgruppe Klasse
Asbolan (Kobaltmanganerz) MnO_2 mit Beimengungen von Co, H_2O u. a. 3–32% Co	bräunlich schwarz	fettig matt	schwarz (glänz.)	1 2,2	amorph ehem. Gel		
Covellin **(Kupferindig)** CuS 66,5% Cu	blau; purpur (falls benetzt!)	halbmet. fettig	bläulich- schwarz dunkel indigblau (glänz.)	1½–2 4,68	hex.	schuppig dünntaflig Kr. klein u. selt.	D_{6h}^4 dihex.- bipyr.
Patronit VS_4 28–39% V	grau- schwarz graphitgrau	halbmet. Metallgl.	grünlich- schwarz braun- schwarz	2–3½ kaum fest- stellbar	?	taflig nadlig nicht amorph	?
Enargit Cu_3AsS_4	eisen- schwarz	halbmet. opak	schwarz	3 4,4		S. *58*	
Tenorit (Melaconit, Kupfer- schwärze) CuO	dunkel- stahlgrau schwarz	met. braun dsch.	schwarz	3–4 5,8–6,4	mkl. ps.-hex.	s. dünne Täfelchen	C_{2h}^6 mkl.- prism.

Härte 4–5

Name und chemische Formel	Farbe	Glanz Durchsichtigkeit	Strich	Härte Dichte	Kristalle System	Kristalle Habitus	Kristalle Raumgruppe Klasse
Perowskit $CaTiO_3$ var.: Knopit (Cer-halt.) var.: Loparit (Niob-halt.)	schwarz braunrot gelb	Diamantgl. dsch. bis opak	grau weiß	5½–6 4,0	mkl. ps.-kub.	hexaedr. oktaedr. rhomben- dodekaedr.	O_h^1
Uranpecherz **(Uraninit,** **Pechblende)** UO_2 (bleih., Ce, Y, Th) 88% U	schwarz n. grünlich	fettig unds.	dunkel- grün bis bräunl. schwarz	4–6 9–9,7	kub.	Würfel oktaedr. rhomb.- dodek. Kr. s. selten	O_h^5 kub.-hex. okt.

GLÄNZENDE MINERALE VON FARBIGEM STRICH

Strich. (Sämtlich undurchsichtig)

Spaltbarkeit Bruch	Aggregate Form	Aggregate Struktur	Ähnliche Minerale	*Verwendung* Vorkommen und Begleiter
	traubig derb pulvrig angeflog.	dicht	Wad *70*	*Wichtiges Kobalterz!* Malachit, Fahlerz, Baryt, Siderit
gut (0001) muschlig	derb Platten angeflog. pulvrig	dicht blättrig feinkörnig stenglig	Bornit *30* (nicht blättrig!)	*z. T. wichtiges Kupfererz!* 1. Verwitterungsprodukt auf Kupferlgst. 2. Aszendent a. Gängen 3. Vulkanisch a. Lava Chalkopyrit, Chalkosin, Bornit, Pyrit
muschlig Spaltb. taflig	derb pulvrig nierig		Kupferglanz *56* Magnetkies *34* Pechkohle	*z. T. wichtiges Vanadiumerz!* Biochemisch-sedimentär; Gangadern in Braunkohle mit Asphalt, Bravoit, Calcit, Quarz, Schwefel
nicht erkb.	meist derb Krusten	dicht schuppig erdig		1. Sublimationsprodukt in Lava (Täfelchen) 2. Verwitterungsprodukt von Cu-Erzen mit Kupferglanz, Cuprit, Brauneisen (derb)
gut (100) muschlig	derb	körnig	s. S. *136*	1. Regionalmetamorph: Einsprenglinge, auf Klüften, in Drusen in Chlorit- u. Talkschiefer, Serpentin 2. Kontaktmetamorph in körnigem Kalk 3. In Melilith-, Nephelin- u. Leucitbasalt, Pyroxenit, Zirkelit, Baddeleyit, Pyrochlor
muschlig	derb nierig kuglig	dicht, selten körnig	Paläoasphalt Pechkohle Psilomelan *74*	1. Auf hochhydrothermalen Co-Ni-Bi-Ag-Erzgängen: Uranocker, Uranglimmer; Galenit, Chalkopyrit, Molybdänglanz, Chloanthit, ged. Wismut, Rotgültigerz, Baryt, Dolomit, Fluorit, Braunspat, Quarz (Thorium-arm) 2. Pegmatitisch-pneumatolytisch: Glimmer, Quarz, Feldspat, seltene Phosphatminerale (Thorium-reich)

Name und chemische Formel	Farbe	Glanz Durchsichtigkeit	Strich	Härte Dichte	Kristalle System	Habitus	Raumgruppe Klasse
Härte 6							
Ilmenit (Titaneisenerz) $FeTiO_3$ 31,6% Ti, 36,8% Fe	schwarz	halbmet. fettig opak	schwarz	6 4,5–5		S. *62*	
Braunit $3\,Mn_2O_3 \cdot MnSiO_3$ 63,6% Mn	schwarz (stahlgrau)	halbmet. fettig fast opak	bräunl. schwarz	6 4,8		S. *62*	
Liëvrit (Ilvait) $CaFe_2^{II}Fe^{III}$ $[OH / (SiO_4)_2]$	schwarz oberflächl. braun angel.	fettig halbmet. unds.	grünl.-schwarz dunkel-grünl. grau	6 3,8–4,1		S. *98*	
Härte 1–3						**2. Von braunem**	
Wad MnO_2 var. von Psilomelan bis 60% Mn mit Beimengungen von Ba, Ni, Co, K, Li, Pb u. a.	dunkel-braun	matt	dunkel-braun (glänz.)	1 2,3–3,7		krypto-kristallin	
Heterogenit (Stainerit) $Co_2O_3 \cdot H_2O$ mit CuO, CoO_2, SiO_2, H_2O, CO_2 63,6% Co	schwarz	halbmet. Glasgl. dsch.	tiefbraun braun-schwarz	3–5 2–4,5 (4,32)	hex.? rh.?	nadlig	D_{2h}? rh.-bipyr?
Härte 3–4							
Kupferpecherz (Chalkopissit) Gemenge v. Kupfersilikat u. Eisenoxydhydrat	dunkel-braun schwarz	fettig	gelbl. braun	3½ 3,4–4			
Zinkblende (Blende, Sphalerit) ZnS (enth. Fe, Mn, Cd (0,05–3,2%), In, Ga u. a.) bis 67% Zn var.: Christophit (Fe-reich)	braun rot gelb grün grau farblos schwarz	st. Diamantgl. fast Metgl. dsicht. unds.	braun verschiedener Helligkeit	3½–4 3,9–4,2	kub.	tetraedr. dodekaedr. hexaedr. häufig Zwill. verzerrt n. (111)	T_d^2 kub.-hex. tetr.

Spaltbarkeit Bruch	Aggregate Form	Aggregate Struktur	Ähnliche Minerale	*Verwendung* Vorkommen und Begleiter
Strich				
	nierig traubig derb	erdig dicht	Asbolan *68*	*Wichtiges Manganerz!* Psilomelan, Pyrolusit, Limonit, Siderit
(0001)	derb Krusten	dicht feinstrahlig pulvrig	Psilomelan *74* Asbolan *68* Molybdän-glanz *44*	*Wichtiges Kobalterz!* Oxydationszone von Kobaltlgst. Speiskobalt, Kobaltkies, Malachit, Psilomelan, farbige Uranerze
oft muschlig	derb	dicht		Chalkopyrit, Bornit, Malachit, Cuprit, Limonit, Ziegelerz
gut (110) (Diamant-glanz!)	derb kolloform	körnig dicht schalig fasrig kolloform	Fahlerz *58* Bleiglanz *48* Zinnstein *76* Granat *160* Vesuvian *156* Wolframit *60* Kr. mit Überzügen v. Kupferkies u. Kupferglanz	*Wichtigstes Zinkerz!* (Fast stets mit Bleiglanz) *Wichtiges Cadmiumerz!* 1. Hydrothermale Erzgänge u. Verdrängungen an Kalk u. Dolomit mit Bleiglanz, Pyrit, Kupferkies, Kalkspat, Quarz, Baryt, Fluorit, Markasit, Wurtzit u. Pyroxen, Amphibol, Granat, Galmei, Cerussit 2. Pneumatolytische Gänge u. kontaktmetasomatisch: Zinnerz; Magnetkies, Kupferkies, Cubanit, Magnetit, Gahnit, Arsenkies 3. Chemisch-sedimentär mit Pyrit, Baryt

Name und chemische Formel	Farbe	Glanz Durch- sichtigkeit	Strich	Härte Dichte	Kristalle System	Habitus	Raumgruppe Klasse
Wurtzit („Strahlenblende") ZnS (enth. Eisen, Cadmium) bis 67% Zn	braun schwarz	Diamantgl. Perlmgl. dsch. opak	licht- braun	3½–4 4	hex.	hexag. Prisma mit Pyramide u. Basis Kr. klein, s. selten	C_{6v}^{4} dihex.- pyr.
Pyrochlor $(Ca, Na, Y)_{2-1}$ $(Sb, Ti, Nb)_2O_6$ (OH, F, O)	braun schwarz- braun	fettig unds. dsch.	hellbraun gelblich- braun	4–5½ 4,3–5,6 (?)	kub.	oktaedr. Würfel	O_h^{7} kub.-hex. okt.
Betafit etwa (Ca,Th,U,Ce) $(Nb,Ta,Ti)_3(O,OH)$	grünl.- braun schwarz außen erdig gelb	fettig unds.	hellgelbl.- weiß bräunl.- gelb	4 4,5	kub. ps.tetr.	Oktaeder Rhomboeder taflig gel. große Kr.	O_h?

Härte 5–6

Name und chemische Formel	Farbe	Glanz Durch- sichtigkeit	Strich	Härte Dichte	Kristalle System	Habitus	Raumgruppe Klasse
Goethit **(Nadeleisenerz)** $FeOOH$-α oder $Fe_2O_3 \cdot H_2O$ 62,85% Fe	schwarz- braun lichtgelb	Diamantgl. samtartig seidig, Splitter braun, gelb dsch.	gelblich- braun, braun	5–5½ 4,3	rh.	prismat. nadlig haarig	D_{2h}^{16} rh.-bipyr.
„Limonit" **(Brauneisenerz** Brauner Glaskopf) überwieg. Eisen(III)- Hydroxyd-Gel (?) u. Nadeleisenerz sowie Hämatit bis 63% Fe	braun; schwarz, bunt angel.	schw. Glasgl. fettig seidig dsch.-unds.	gelbl. braun	5½ 3,3–3,9	amorph (?) „Sidero- gel"	ehem. gelf.	
var.: Stilpnosiderit $Fe_2O_3 \cdot 3\,H_2O$	schwarz schwärzl.- braun	fettig glasig	gelbl. braun	5½ 3,9	amorph	ehem. gelf.	
Chromit **(Chromeisenerz)** $(Mg, Fe)\,Cr_2O_4$ oder $(Mg, Fe)O \cdot Cr_2O_3$	schwarz	halbmet. fettig. dsch.-unds.	braun (grau- braun)	5½ 4,5–4,8		S. *62*	
Wolframit $(Fe, Mn)\,[WO_4]$	schwarz braun	halbmet. fast Metgl. fast opak	schwärzl.- braun rötl.- braun	5 7,2–7,5		S. *60*	

Spaltbarkeit Bruch	Aggregate Form	Aggregate Struktur	Ähnliche Minerale	*Verwendung* Vorkommen und Begleiter
gut (1010) gut (0001) harzig. Glasgl.	meist derb	fasrig strahlig	Zinkblende *70*	In hydrothermalen Gängen u. Verdrängungen (aus sauren Lösungen), z. B. Silber-Zinnerz-Bleiglanz-Quarz-Gängen: Blende, Galenit, Quarz, Siderit, Greenockit
schlecht (111) muschlig		körnig		Einsprenglinge in Nephelinsyenit- u. Granit-Pegmatiten; pyrometamorph im körnigen Kalk Eläolith, Zirkon
keine Spaltb. muschlig	auch derb		Blomstrandin (Priorit) Orthit *144*	In Pegmatiten: Euxenit, Orthit, Fergusonit, Magnetit, Biotit, Quarz, Orthoklas, Zirkon, Beryll, gelber Calcit
gut (010)	derb Ooide kolloform Krusten	fasrig-seidig matterdig radialstrahl. (Samtblende) in Oolithen oft blättrig n. (001)	Manganit *58* Limonit *72* Lepidokrokit *88* Hämatit *64*	*Häufigstes Brauneisenerz!* 1. Verwitterungsprodukt 2. Sedimentäre, meist Oolith-Lgst. „Limonit", „Brauneisen", Hämatit, Pyrit, Siderit, Amethyst, Rauchquarz, Bergkrist., Achat, Bleiglanz, Calcit
	nierig zapfig kuglig (Geoden) Ooide derb, pulvrig	stenglig schalig dicht erdig	Hämatit *64* Kraurit *94* Goethit *72*	*Wichtiges Eisenerz!* 1. Sedimentäre Lgst., Verwitterungsprodukt 2. Auf selbständigen hydroth. Gängen u. Lagern: Pyrolusit, Psilomelan, Hämatit, Chalcedon, Baryt, Calcit, Quarz
oft glattmuschlig	derb	dicht		Limonit, Baryt

Name und chemische Formel	Farbe	Glanz Durchsichtigkeit	Strich	Härte Dichte	Kristalle System	Habitus	Raumgruppe Klasse
Thorit (Orangit) $Th[SiO_4]$ bis 81,5% ThO_2	schwarz braun braungelb	Glasgl. unds. bis dsch.	braun orange	4–5 4,4–4,8 (5,2–5,4)	tetr.	pyramidal säulig Kr. äuß. selt.	D_{4h}^{19} ditetr.-bipyr.
Neptunit $(Na, K)_2$ $(Fe^{II},Mn)Ti[Si_4O_{12}]$	schwarz	st. Glasgl. dsch. blutrot	zimtbraun	5½ 3,23	mkl. ps.-tetr.	prism. schöne Kr.!	C_{2h} mkl.-prism.
Basaltische **Hornblende** (Amphibol,Si-arm!) $(OH)_2(Fe, Mg, Al)_5$ $Ca_2[(Si, Al)_8O_{22}]$	schwarz n. braun	Glasgl. dsch. dsicht.	gelbl. braun n. ockergelb	5½–6 3,1–3,2	mkl.	säulig nadlig (6-seitige Querschnitte)	C_{2h}^3 mkl.-prism.
Orthit (Allanit) $(Ca, Ce, La, Na)_2$ $(Al, Fe, Mg)_3$ $[OH/(SiO_4)_3]$ oder $Ca_3(Al, Ce, Fe)_6$ $[SiO_4]_6 \cdot Ca(OH)_2$	pech-schwarz braun	halbmet. Glasgl. pechart. dsch. unds.	braun n. grünl.-grau	5½ 3–4,2		S. *144*	
Koppit $CeNaCaNb_2O_6$ (F, OH, O) 5,88—6,89% Ce 43—48% Nb	dunkel-braun gelbbraun schwarz	Diamantgl. braunrot dsch.	weißl.-braun schwarz	5½–6½ 4,4–4,5		S. *144*	
Aeschynit (Ce, Ca, Fe^{II}, Th) $[(Ti, Ta, Nb)_2O_6]$	schwarz braungelb	halbmet. Fettgl. dsch., unds.	schwarz gelbbraun grau	5–6 5,12–4,93	rh. ps.-rh.	prism. taflig	rh.-bipyr.
Samarskit $(Y, Er)_4$ $[(Nb, Ta)_2O_7]_3$ (U-reich; Ca) theor. 20–28,4% Y gef. 1,6–11,7% Y	tiefschwarz	halbmet. pechgl. fast opak	dunkel-rotbraun	6 5,5–6,2	rh.	taflig n. (010) prism. n. (100)	
Columbit-(Niobit)-**Tantalit** $(Fe,Mn)(Nb,Ta)_2O_6$	schwarz	halbmet. (fast Met.-glanz)	braun bis schwarz	6 5,3		S. *62*	
Psilomelan (Hartmanganerz, Schwarz. Glaskopf) MnO_2 mit BaO,Na_2O K_2O, H_2O, Co, Ni, bis 63% Mn, 3,15–27% Co	schwarz bläulich-schwarz	matt, auf frischem Bruch sch. glänz. unds.	schwärzl.-braun (glänz.)	6 4,2	unbek. aus Gelen	kryptokrist.	

Spaltbarkeit Bruch	Aggregate Form	Struktur	Ähnliche Minerale	*Verwendung* Vorkommen und Begleiter
prism. (110) muschlig radioaktiv isotropisiert	derb	dicht blättrig	Zirkon *160*	*Wichtiges Thoriumerz!* Pegmatitgänge mit Feldspat, Aegirin, Eläolith, Zirkon
(110)	meist Einzelkr.			In Nephelinsyeniten mit Benitoit, Natrolith In Fayaitpegmatiten. Selten!
s. gut (110)			s. S. *96, 150*	Einsprenglinge im Basalt, Andesit, Trachyt u. ihren Tuffen, in Laven Augit
schlecht (100) muschlig		blättrig	Pyrochlor *72* Biotit *114*	Alkalipegmatite Muskowit, Zirkon, Euklas, Feldspat, Seifengold
schlecht n. [010]	derb	meist dicht körnig		*z. T. wichtiges Yttrium- u. Samariumerz!* In Granitpegmatiten meist im Feldspat eingewachsen
muschlig	traubig zapfig, derb locker (Wad) „Dendriten“	dicht (muschlig) selten: kurzfasrig	Pyrolusit *54* Hausmannit *60*	1. Im „Eisernen Hut“ von Spateisensteingängen 2. Selbständige Gänge mit Pyrolusit, Polianit, Limonit, Baryt, Calcit 3. Chemisch-sedimentär, oft oolithisch

Name und chemische Formel	Farbe	Glanz Durchsichtigkeit	Strich	Härte Dichte	Kristalle System	Kristalle Habitus	Kristalle Raumgruppe Klasse

Härte 6–7

Name und chemische Formel	Farbe	Glanz Durchsichtigkeit	Strich	Härte Dichte	System	Habitus	Raumgruppe Klasse
Rutil TiO_2	schwarz braun	halbmet. dsch. dsicht.	blaßbraun	6–6½ 4,2–4,3		S. *64, 152*	
Kassiterit **(Zinnstein)** SnO_2 78,7% Sn	braun schwarz grau selt. rot u. gelb	halbmet. fettig dsch.	blaßbraun blaßgelb	6½–7 6,8–7,1 einziges Mineral mit so hoher *D* *ohne* Metallgl.	tetr.	säulig pyramidal nadlig fast immer in Zwill., Vierlinge	D_{4h}^{14} ditetr.-bipyr.

Härte 8

Name und chemische Formel	Farbe	Glanz Durchsichtigkeit	Strich	Härte Dichte	System	Habitus	Raumgruppe Klasse
Picotit (Chromspinell) (Mg, Fe)O $(Al, Cr, Fe)_2O_3$	gelbbraun grünbraun	Glasgl. fettig dsch.	hellbraun (grau-braun)	8 4	kub.	oktaedr. Kr. klein	O_h^7 kub.-hex. okt.

3. Von rotem

Härte 1–2

Name und chemische Formel	Farbe	Glanz Durchsichtigkeit	Strich	Härte Dichte	System	Habitus	Raumgruppe Klasse
Kermesit (Rotspießglanz) Sb_2S_2O	dunkel-bläulichrot (kirschrot, purpurrot)	Diamantgl. dsch.	dunkel-bläulichrot kirschrot purpurrot	1 4,68	mkl. ps.-rh.	haarig nadlig	C_{2h}^3 mkl.-prism.
Cinnabarit **(Zinnober)** HgS 86,2% Hg	cochenille-rot (rubinrot) braun-schwarz	Diamantgl. ds., dsch.	scharlach-rot	2–2½ 8,1	trig.	dünntaflig dicktaflig kurzsäulig kurznadlig rhomboedr. Kr. selten, formenreich	D_3^4, D_3^6 trig.-trapez.
Erythrin (Kobaltblüte, Kobaltbeschlag) $Co_3[AsO_4]_2 \cdot 8\,H_2O$	pfirsich-blütrot karmesin-rot	st. Glasgl.; auf (010) Perlmgl.	rosarot getrockn. Pulver tiefbl.	1½–2½ 2,95–3,07	mkl.	nadelförmig schuppig haarförmig	C_{2h}^3 mkl.-prism.

Spaltbarkeit Bruch	Aggregate Form	Aggregate Struktur	Ähnliche Minerale	*Verwendung* Vorkommen und Begeiter
s. gut (100) gut (110)	derb nierig schalig; braun: (Holzzinnerz)	dicht körnig fasrig kolloform	Vesuvian *156* Turmalin *160* Zinkblende *70* Granat *160* Ilmenit *62* Wolframit *60* Magnetit *60* Rutil *64*	*Wichtigstes Zinnerz!* 1. Eingesprengt u. Gänge in Graniten u. Quarzporphyren: mit Arsenopyrit, Wolframit, Scheelit, Molybdänit, ged. Wismut, Kupferkies, Fluorit, Apatit, Lithionglimmer, Turmalin, Topas 2. Auf Gängen in jüngeren sauren Eruptivgesteinen mit Stannin, Pyrit, Bismutin, ged. Silber, Stephanit, Rotgültig, Blende 3. Auf kontaktmetamorphen Erzlagern: Blende, Arsenopyrit, Magnetkies, Chalkopyrit, Magnetit, Pyroxen, Amphibol, Granat 4. Lose in Seifen
schlecht (111)	derb	körnig	Gahnit *166* Franklinit *62* Hercynit *98* Chromit *62* Magnetit *60*	1. Einsprenglinge in Peridodit, Serpentin u. Olivinfels; Olivinknollen in Basalt 2. Liquidmagmatisch auf Chromitlagerstätten

Strich

gut (100)	büschelförmig	strahlig		Auf Erzgängen: mit Antimonit, Berthierit, Antimonocker, Valentinit, Quarz
gut (10$\bar{1}$0) uneben splittrig	derb angeflogen	körnig dicht fasrig erdig	Realgar *80* Rotkupfererz *78* Kobaltblüte *76* Rotgültigerz *78* Roteisen *78* Krokoit *84* Rutil *64*	*Wichtigstes Quecksilbererz!* Tiefhydrothermale Gänge, heiße Quellen, Imprägnationen, Verdrängungen, selbständige Lgst.: Quecksilberfahlerz, ged. Quecksilber, Chalkopyrit, Pyrit, Markasit, Galenit, Hämatit, Siderit, Baryt, Dolomit, Calcit, Flußspat, Opal, Chalcedon, Asphalt, Anthracit
gut (010)	büschlig kuglig nierig Anflug	dünnstenglig strahlig-blättrig, erdig		Speiskobalt, Kobaltglanz, Pharmakolith, Quarz

Name und chemische Formel	Farbe	Glanz Durchsichtigkeit	Strich	Härte Dichte	Kristalle System	Habitus	Raumgruppe Klasse
Pyrostilpnit (Feuerblende) Ag_3SbS_3	gelblichrot hyacinthrot rotbraun	Diamantgl. Perlmgl. a. (001) dsch.	gelbl. rot (morgenrot) viel heller als Pyrargyrit	2⅛ 5,94	mkl.	dünntaflig n. (001) Kr. klein und zart	C_{2h}^5 mkl.-prism.
Härte 3							
Proustit (lichtes **Rotgültigerz**) Ag_3AsS_3 65,4% Ag	cochenillerot zinnoberrot	Diamantgl. leuchtend rot dsch. (dsicht.)	ziegelrot, gelbl.-rot (heller als Pyrargyrit!)	2½–3 5,57	trig.	prismat. skalenoedr. rhomboedr.	C_{3v}^6 ditrig.-pyr.
Pyrargyrit (dunkles **Rotgültigerz**) Ag_3SbS_3 59,8% Ag	karmesinrot fast rötlich bleigrau schwarz	Diamantgl. st. Metgl. matt angel. dsch. bis dsicht.	bläulichrot, purpurrot, braunrot	2½—3 5,85	trig.	prismat. skalenoedr. dicktaflig rhomboedr. flächenreich!	C_{3v}^6 ditrig.-pyr.
Härte 4							
Cuprit (**Rotkupfererz**) Cu_2O 88,8% Cu	cochenillerot karminrot fast rötl. bleigrau	Diamantgl. halbmet. dsch. unds.	bräunlichrot (blutrot)	3½–4 5,8–6,2	kub.	oktaedr. dodekaedr. hexaedr.	O_h^4 kub.-hex. okt.
Hauerit (Mangankies) MnS_2	rötlichbraun schwarzbraun	frisch: Diamantgl. halbmet.: matt angel. unds., dsch.	bräunlichrot	4 3,5	kub.	oktaedr. Kr. schön	T_h^6 kub.-dis. dod.
Härte 6							
Hämatit (var.: **Roteisenerz** Roter Glaskopf, **Eisenglanz** Specularit) Fe_2O_3 70% Fe	stahlgrau eisenschwarz	halbmet. (Metgl., wenn Kr.: „Eisenglanz“) Nichtmet. rot dsch.	bräunlichrot blutrot	6½ 5,2–5,3	trig.	pyramid. würflig dicklinsig, dicktaflig dünntaflig s. formenreich	D_{3d}^6 ditrig.-skal.
Pseudobrookit Fe_2TiO_5	schwarz dunkelbraun	halbmet. Diamantgl. Splitter rot dsch.	rot braun ockergelb	6 4,4	rh.	kleine rechteck. Täfelch. ähnl.Brookit	D_{2h}^{17} rh.-bipyr.

Spaltbarkeit Bruch	Aggregate Form	Aggregate Struktur	Ähnliche Minerale	*Verwendung* Vorkommen und Begleiter
gut (001)	büschlig Rosetten			*Selten!* Mit Pyrargyrit, quarzige u. kalkspätige Silber-, Blei-, Zink-Erzgänge
gut $(10\bar{1}1)$ muschlig	auch derb angeflogen	dicht	Miargyrit *46* Pyrargyrit *78* Cuprit *78* Zinnober *76* Roteisen *78*	*Silbererz!* Immer auf Gängen (Silber-, Blei- usw. Erzgängen, besonders auf As-reichen): Argentit, gedieg. Silber, Pyrargyrit, ged. Arsen, Smaltin, Chloanthit, Nickelin, Galenit, Markasit, Baryt, Fluorit, Siderit, Pyrit, Quarz
s. gut $(10\bar{1}1)$ muschlig splittrig	derb angeflogen	„Silberträger" in Bleiglanz	Proustit *78* Cuprit *78* Miargyrit *46* Roteisen *78* Zinnober *76*	*Wichtiges Silbererz!* Nur hydrothermal, immer auf Gängen (Silber-, Blei- usw. Erzgängen): Argentit, ged. Silber, Proustit, Stephanit, Smaltin, Chloanthit, Galenit, Nickelin, Markasit, Baryt, Fluorit, Siderit, Rhodochrosit, Quarz, Pyrit
gut (111)	derb	körnig dicht erdig	Rotgültigerze *78* Zinnober *76* Roteisen *78*	*z. T. wichtiges Kupfererz!* Grenze der Oxydations-Zementationszone mit Malachit, ged. Kupfer, Limonit, Chalkopissit
s. gut (100)	derb	körnig stenglig	Pyrit *36*	Sedimentär, Ged. Schwefel, Gips, Calcit, Ton
ohne Spaltb. schuppige Ablösung	derb nierig strahlig schuppig Ooide	Roteisenerz: dicht fasrig stenglig erdig oolithisch Eisenglanz: kristallin körnig schuppig	Ilmenit *62* Magnetit *60* Chromit *62* Nigrin *64* Zinnober *76* Rotkupfer *78* Rotgültig *78* Goethit *72* Limonit *72*	*Wichtiges und weitverbreitetes Erz!* 1. Hydrothermal-pneumatolyt. Gänge u. Lager 2. Metasomatisch an Kalken 3. Regionalmetamorphe Glimmerschiefer u. Quarzite 4. Sedimentäre, schichtige u. erdige Lgst. Limonit, Goethit, Pyrolusit, Psilomelan
gut (010)	nur Krist.		Brookit *136*	1. Pneumatolytische Zersetzung von Ilmenit 2. Pegmatitgänge mit Apatit

Name und chemische Formel	Farbe	Glanz Durchsichtigkeit	Strich	Härte Dichte	Kristalle System	Habitus	Raumgruppe Klasse
Piemontit (Manganepidot) Ca_3 (Al, Mn)$_6$ $[SiO_4]_6 \cdot Ca(OH)_2$ bzw. $Ca_2(Al, Fe, Mn)_3$ $[OH \mid (SiO_4)_3]$	schokoladenbraun schwärzlichrot bräunlichviolett	Glasgl. unds. hdsch.	rosenrot kirschrot	6 3,4	mkl.	säulig n. [010]	C_{2h}^2 mkl.-prism.
4. Von gelbem							
Härte 1							
Jodargyrit (Jodsilber) AgJ 45,9% Ag	schwefelgelb	fettig grau, dsch.	schwefelgelb (glänz.)	1½ 5,7	hex.	schuppig nadlig Kr. klein, selt.	C_{6v}^4 dihex.-pyr.
Nontronit (Ca, Mg, Fe) Fe^{III}_2 $[(OH)_2 \mid Si_4O_{10}]$ $n \cdot H_2O$	strohgelb zeisiggrün graugrün	fettig dsch.	schwefelgelb zeisiggrün (glänz.)	1–2 2,3	rh.	kryptokr.	
Zippeit (Uranocker) $2\,UO_3 \cdot SO_4 \cdot 6\,H_2O$ bzw. $UO_3[UO_2 \mid SO_4] \cdot 4\text{–}8\,H_2O$	schwefelgelb zitronengelb orangegelb	matt dsch.	schwefelgelb zitrongelb	1–3 2,5	mikroskop.	haarförmig kleine Kr.	?
Härte 2							
Oxalit (Humboldtin) $Fe[C_2O_4] \cdot 2\,H_2O$	ockergelb strohgelb	schimm. matt unds.	strohgelb	2 2,25	rh.	prismat. haarförm.	
Schwefel S	schwefelgelb, gelborange gelbbraun graugelb graubraun	fettig Diamantgl.	schwefelgelb strohgelb	2 2–2,1	rh./mkl.	pyramid. sphenoidisch selten taflig s. flächenr. Kr.!	D_{2h}^{24} rh.-bipyr. C_{2h}^5 mkl.-prism.
Realgar AsS	morgenrot (aber Strich!)	fettig Diamantgl.	gelborange	1½–2 3,5–3,6	mkl.	kurzsäulig dicktaflig kurznadlig	C_{2h}^5 mkl.-prism.

Spaltbarkeit Bruch	Aggregate Form	Struktur	Ähnliche Minerale	*Verwendung* Vorkommen und Begleiter
gut (001) (100)	derb	stenglig	Cerit *132* Hübnerit *60*	1. Mit Manganerzen Braunit, Pyrolusit, Calcit 2. In kristallinen Schiefern mit Quarz, Glaukophan

Strich

gut (0001)	in Platten derb, Einsprenglinge			Auf den oberen Teufen von Silbererzgängen: Chlorargyrit, ged. Silber, Limonit, Calcit, Hornstein
muschlig	derb plattenförmig	dicht (mikrosk. feinfasrig) erdig		In Tonen mit Montmorillonit, Kaolinit, Opal, Baryt, Limonit, Graphit auf Klüften, bes. in verwitt. Basalt
?	derb Krusten	feinfasrig feinschuppig erdig	feinfasriger Uranotil *82*	Uranopissit, Limonit, Uranglimmer
uneben	derb traubig	dicht erdig		In der Braunkohle: mit Gips, Alaun
gut (110) gut (001) muschlig spröde	derb pulvrig plattenförmig Krusten	dicht erdig fasrig		*Wichtiger Rohstoff!* 1. Sedimentäre Lager in Ton, Mergel, Braunkohle, Calcit, Gips, auch Steinsalz, Cölestin, Aragonit, Asphalt 2. Vulkanisch in Thermen, auf Lava 3. Selten als Verwitterungsprodukt auf Erzlagerstätten, z. B. solchen von Galenit, Antimonit, Pyrit, Zinkblende
gut (010) (210) muschlig	derb	dicht erdig körnig	Rotgültig *78* Zinnober *76* Krokoit *84* Auripigment *82* (R. gibt im Kölbchen rotes Sublimat)	1. Auf niedrigtemperierten hydrothermalen Erzgängen: ged. Arsen, Antimonit, Blende, Arsen-, Blei-, Silber-Gold-Erze, Pyrit, Auripigment, Baryt, Calcit 2. Eingesprengt im Dolomit, Ton, Mergel 3. Als Sublimat an Vulkanen u. Absätze aus heißen Quellen

Name und chemische Formel	Farbe	Glanz Durchsichtigkeit	Strich	Härte Dichte	Kristalle System	Habitus	Raumgruppe Klasse
Auripigment As_2S_3	zitronengelb	fettig halbmet. Perlmgl. auf (010)	zitronengelb	1½–2 3,4–3,5	mkl. ps.-rh.	kurzsäulig linsenförmig Krist. selt., klein	C_{2h}^5 mkl.-prism.
Mennige Pb_3O_4	ziegelrot	matt fettig	orangegelb	2½ 8,9–9,2	tetr.	ps.-morph n. Bleiglanz Cerussit	
Terlinguait $HgCl \cdot HgO$	grün, gelb braun	Diamantgl.	gelb grünlich grau	2–3 8,7	mkl.	säulig isometr. tafl. n. (100)	
Autunit (Uranit; Kalkuranglimmer) $Ca[UO_2 \mid PO_4]_2 \cdot 8H_2O$	schwefelgelb grüngelb	auf (001) Perlmgl.	schwefelgelb	2 3–3,2	tetr. ps.-rh. (opt.)	schuppig dünntaflig	D_{4h}^{17} ditetr.-bipyr.
Trögerit $[(UO_2)_3 \mid (AsO_4)_2] \cdot 12\,H_2O$	zitronengelb	fettig Perlmgl.	zitronengelb schwefelgelb	2 3,3	ps.- (?) tetr.	dünntaflig schuppig (gipsähnlich)	
Uranotil (Uranophan) $CaU_2[(OH)_3 \mid SiO_4]_2 \cdot 4\,H_2O$	zitronengelb	seidig	blaßgelb	2–2½ 3,8–3,9	mkl.? rh.	nadlig	
Copiapit (Misy) $MgFe_4^{III}\,[OH \mid (SO_4)_3]_2 \cdot 18\,H_2O$	schwefelgelb gelbgrün	Perlmgl. matt: (Misy)	blaßgelb	2½ 2,1	trkl. ps.-rh.	sechsseitige Tafeln Kr. selt.	trkl.-pin.
Härte 3							
Greenockit CdS	honiggelb orangegelb braun	Diamantgl. fettig	gelb	3 4,9–5	hex.	prismat. pyramidal taflig Kr.. selt, klein	C_{6v}^4 dihex.-pyram.
Gummit etwa (Pb, Ca, Ba) $U_3[O_8 \mid SiO_4] \cdot 5\,H_2O$	rötlichgelb gelblichbraun rötlichbraun	fettig	zitronengelb strohgelb	2½–3 3,9–4,5	krist.		
Uranospinit $Ca[UO_2 \mid AsO_4]_2 \cdot 8\,H_2O$	zitronengelb zeisiggrün	halbmet. Glasgl. dsicht.	grünlichgelb	2–3 3–3,45	rh. ps.-tetr.	taflig sargförmig säulig	rh.-bipyr.

Spaltbarkeit Bruch	Aggregate Form	Aggregate Struktur	Ähnliche Minerale	*Verwendung* Vorkommen und Begleiter
gut (010) Spaltfl. horizontal gestreift	derb plattig nierig	breitstenglig radialstrahlig pulvrig	Realgar *80* (A. gibt im Kölbchen dunkelgelbes Sublimat)	1. Niedrigtemperierte Erzgänge u. Thermen: Realgar, Antimonit, Blende, Pyrit, Baryt, Calcit 2. Eingesprengt im Dolomit, Ton, Mergel 3. In Solfataren
nur derb	angeflogen	fasrig feinkörnig erdig		Galenit, Cerussit
s. gut (101)	derb Krusten Pulver	dicht erdig	Epidot *156* Eglestonit Kleinit Montroydit	1. Auf Quecksilberlgst. 2. Lagen in körnigen Kalken, Montroydit, Calcit
s. gut (001) gut (100)	angeflogen	fast stets mit Torbernit verwachsen	ausgeblichen ähnl. Auripigment; (seltener als Torbernit!) *88*	1. In Uran-Wismut-Gängen mit Uranopissit, Uranocker, Quarz 2. Auf Klüften im Granit, in Pegmatiten
gut (010)		fast stets mit Zeunerit	Autunit Uranocircit *90* Uranospinit Carnotit *86*	*Selten!* Uranopissit, Zeunerit, Uranocker, Kobaltblüte
	derb nierig	fasrig filzig		*z. T. häufig!* 1. In Granit-Miarolen, neu aus Pechblende mit Uranopissit, Uranglimmer, Uranocker 2. In Fluorit-Phosphatpegmatitgängen
s. gut n. d. Basis	derb	körnig schuppig erdig dicht: (Misy)		*Das häufigste Ferrisulfat!* Römerit, Coquimbit, Amarantit, Pyrit, Ton
gut $(10\bar{1}0)$	kleinnierig angeflogen	dicht erdig	Wismutocker *124* Zippeit *80*	Oxydationszone von Zinkblende-Lgst.: Blende, Smithsonit, auch Bleiglanz, Pyroxen, Calcit, Prehnit (Hüttenprodukt!)
muschlig	derb nierig	dicht erdig		Gelartiges Verwitterungsprod. von Uranpecherz, Uranglimmer, Uranocker, Quarz
gut (001) (010) (100)	dünnblättrig	mit Zeunerit verwachsen	Uranocircit *90* Zeunerit *88* Koechlinit	1. Uran-Kobalterzgänge 2. Klüfte in Granit Quarz, Limonit, Kobaltblüte, Uranpechblende, Malachit

Name und chemische Formel	Farbe	Glanz Durch- sichtigkeit	Strich	Härte Dichte	Kristalle System	Habitus	Raumgruppe Klasse
Krokoit (Rotbleierz) $Pb[CrO_4]$	morgenrot hyazinth- rot	fettig Diamantgl. dsch.	orange- gelb	2½–3 5,9–6	mkl.	nadlig säulig spießig flächen- reich	C_{2h}^5 mkl.- prism.
Vanadinit $Pb_5[Cl(VO_4)_3]$	gelb, braun rot	fettig h. dsch.	blaßgelb	3 7		S. *118*	
Descloizit Pb (Zn, Cu)[(OH) | VO_4] 9,8–13,7% V var.: **Cuprodescloizit** (Zn-reich) var.: **Mottramit** (Zn-arm)	braun bräunlich- grün bräunlich- schwarz	Diamantgl. fettig matt dsch. fast unds.	orange- gelb graugelb hellbraun hellgrün	3½ 5,5–6,2	rh.	säulig pyramidal Kr. klein	D_{2h}^{16} rh.-bipyr.
Volborthit CaCu[OH | VO_4]	olivgrün zitronen- gelb	Perlmgl. Glasgl. Splitt. ds.	hellgelb- grün gelblich	3–3½ 3,55	rh. ps.-hex.	taflig	
Jarosit (Gelbeisenerz) $KFe_3^{III}[(OH)_6(SO_4)_2]$	quittegelb schwärzl.- braun	st. Glasgl. matt	strohgelb	3 3,1–3,3	trig.- rhboedr. ps.-kub.	taflig rhomboedr. Kr. s. klein	D_{3d}^5 ditrig.- skal.
Olivenit Cu_2[OH | AsO_4]	dunkelgrün olivgrün, auch gelblich- braun	lebh. Fettgl. seidig dsch.	strohgelb braun	3½ 4,3	rh.	prismat. n. [010] taflig n. (001) Kr. klein, oft einzeln	D_{2h}^{12} rh.-bipyr.
Pharmakosiderit (Würfelerz) $KFe_4^{III}[(OH)_4$ | $(AsO_4)_3] \cdot 6–7\ H_2O$	lauchgrün gelb rot braun	st. Glasgl. fettig	grünlich- gelb strohgelb quittegelb	2½–3 2,9–3	kub.	Würfel, mit (111) (110) Kr. klein	T_d^1 kub.-hex. tetr.
Pittizit (Eisensinter) Fe_3^{III}[(OH) | $(AsO_4)]$ $\cdot SO_3 \cdot 6\ H_2O$	rötl.-braun gelblich blutrot weiß	glasig harzig ds. unds.	ockergelb weiß	3 2,2–2,5	ehem. Gel.		
Kraurit (Dufrenit, Grün- eisenerz) $(Fe_4^{III}Fe^{II})$ $[(OH)_3$ | $PO_4]_3$	dunkelgrün grünlich- schwarz	fettig dsch. fast unds.	grünlich- gelb	3½–4 3,3–3,5		S. *94*	

Spaltbarkeit Bruch	Aggregate Form	Struktur	Ähnliche Minerale	*Verwendung* Vorkommen und Begleiter
(110) muschlig	auch derb Anflug		Realgar *80* Zinnober *76*	Oxydationszone von hydrothermalen Bleierzgängen im Zusammentreffen mit Cr-Lösungen meist aus basischen Nachbargesteinen Galenit, Limonit, Vauquelinit, ged. Gold, Quarz
keine Spaltb. muschlig	traubig-warzig Krusten: (var.: Eusynchit)	radialstrahlig		*z. T. wichtiges Vanadinerz!* Auf Pb-Cu-Zn-Lagerst. Quarz, Limonit, Pyromorphit, Vanadinit
s. gut (001)	traubig kuglig	schuppig erdig		*z. T. wichtiges Vanadiumerz!* 1. Manganerzgänge mit Psilomelan 2. Imprägnation in Sandst. u. Konglomeraten: Calcit, Malachit, Carnotit
(0001) —	meist derb oft pulvrig nierig Krusten (opalartig!)	körnig fasrig schuppig erdig		Deszendent, oberflächennah, *ziemlich verbreitet*, in Gängen u. vulkanischen Gesteinen auf Limonit; Hämatit, Quarz, Alunit
schlecht (110) (010) (011) muschlig	nierig traubig Drusen	derb fasrig erdig	Libethenit *94*	Oxydationszone von Kupferarsenerzgängen: Chalkopyrit, Arsenopyrit, Chalkopissit, Asbolan
schlecht (100) muschlig	meist aufgewachsene Einzelkr. derb	körnig erdig	durch Erhitzen → braun (zeolithisch gebund. H_2O) bei Erkalten wieder grün	Verwitterungsprodukt auf Arsenopyrit, Arsenikalkies, Skorodit, Limonit, neben Goldquarz
muschlig	derb rundlich	dicht	Skorodit *126*	Verwitterungsprodukt auf Pyritlagerstätten

Name und chemische Formel	Farbe	Glanz Durchsichtigkeit	Strich	Härte Dichte	Kristalle System	Habitus	Raumgruppe Klasse
Kakoxen $Fe_2^{III}[(OH)_3\|PO_4]$ $\cdot 4\frac{1}{2} H_2O$	ockergelb bis bräun- lich	seidig	strohgelb	3½ 2,3–2,8	hex.	feinnadlig	
Walpurgin $2\,Bi_2O_3 \cdot$ $As_2O_5 \cdot UO_3$ $\cdot 3\,H_2O$	strohgelb wachsgelb gelborange	Diamantgl. fettig	strohgelb ockergelb	3½ 5,7	trkl. ps.mkl. (Zwill.!)	taflig (gipsähnl.) Kr. klein	
Härte 4							
Zinkblende (Blende, **Sphalerit**) ZnS (eisenhaltig)	braun	Diamantgl. dsicht. unds.	strohgelb isabellgelb	4 3,9–4,2		S. *70, 126*	
Zinkit **(Rotzinkerz)** ZnO (manganhaltig) 80,3% Zn	blutrot orangegelb	Diamantgl. dsch.	bräunlich- gelb orange- gelb	4½–5 5,4–5,7	hex.	Kr. selt.	C_{6v}^4 dihex.- pyr.
Pucherit $Bi[VO_4]$	rotbraun gelbbraun gelb	Diamantgl. dsch. unds.	ockergelb	4 6,2–6,3	rh.	taflig (gelb) kurznadlig (rotbraun) Kr. s. klein	rh.-bipyr.
Carnotit $(K, Na, Ca, Cu, Pb)_2$ $[(UO_2)_2(VO_4)_2]\cdot 3H_2O$ bzw. $K_2O \cdot 2UO_3 \cdot V_2O_5$ $\cdot 3H_2O$ bis 55% U, 11–13% V	ockergelb grüngelb	matt nichtmet.	hellzitro- nengelb	4 4,5	rh.	taflig blättrig	
Curit $2\,PbO \cdot 5\,UO_3$ $\cdot 4\,H_2O$	leuchtend rotorange schw. anl.	Diamantgl. dsch.	orange- gelb	4–5 7,19–7,26	rh.	prism. nadlig n. [001] Kr. nicht selt.	C_{2v}^9 oder D_{2h}^9
Kasolit $3\,PbO \cdot 3\,UO_3$ $\cdot 3\,SiO_2 \cdot 4\,H_2O$ oder $PbU[O_2\|SiO_4]H_2O$	ockergelb rötlichgelb braungelb	st. Fettgl. matt: nichtmet. dsch.	gelb, weiß	4–5 5,96	mkl.	prism. n. [010]	
Triplit (Eisenpecherz) $(Fe'', Mn'')_2[F\|PO_4]$	braun fleischrot schwarz	fettig hdsch. unds.	blaßgelb graugelb	4½–5 3,5–3,9	mkl.	taflig Kr. s. selt.	C_{2h}^5 mkl.- prism.

Spaltbarkeit Bruch	Aggregate Form	Aggregate Struktur	Ähnliche Minerale	*Verwendung* Vorkommen und Begleiter
	derb, kuglig Überzüge traubig	kurzfasrig radialstrahlig		Auf Erzgängen mit Eisenspat, Limonit, Kraurit
gut (010)			tafliger Pucherit	Uran-Wismut-Silbergänge: Uranglimmer, Uranocker, Quarz
gut (0001) gut (10$\bar{1}$0)	derb	körnig schalig blättrig	Rutil *64* Zinnober *76*	*Lokal wichtiges Zinkerz!* 1. Lager in metamorph. kontaktmetasom. Kalken mit Franklinit, Calcit, Willemit, Rhodonit, Tephroit, Granat 2. (Hüttenprodukt)
s. gut (001)				Wismutocker, Asbolan, Quarz
	meist erdig	körnig pulvrig fächerförm. (gelb)	Autunit *82* Trögerit *82* Volborthit *84*	*Zeitweise wichtiges Vanadium- u. Radiumerz!* Imprägnation im Sandstein u. versteinertem Holz; Gips. Mit HCl blutrote Lösung, die beim Erhitzen entfärbt wird!
s. gut (110) (100)	meist derb	dicht (dunkelrot-orange)	Kasolit *86* u. a.	*Wichtiges Uran-Radiumerz!* Hochhydrothermale, quarzige Erzgänge mit Uranpechblende. Kasolit, Fourmarierit, Torbernit
gut (001)	meist derb	körnig	Curit *86*	*Wichtiges Uran-Radiumerz!* 1. Hochhydrothermale Erzgänge mit Uranpechblende 2. Phosphatpegmatite mit Uranpechblende u. seltenen Phosphatmineralien
Spaltb. n. zwei aufeinander senkrechten Richtungen muschlig	nur derb	sehr grobkörnig		1. In granitischen Gesteinen und Pegmatiten mit selt. Phosphatmineralen 2. Auf Zinnerzlgst. Apatit, Beryll, Quarz, ged. Wismut, Kassiterit

Name und chemische Formel	Farbe	Glanz Durchsichtigkeit	Strich	Härte Dichte	Kristalle System	Habitus	Raumgruppe Klasse
Xenotim $Y[PO_4]$ (Th-, U-haltig)	gelbl.-braun rötl.-braun braun fleischrot honiggelb	Fettgl. opak	gelblich rötlich	4½ 4,5–5,1	tetr.	prism. pyram. Kr. klein	D_{4h}^{19} ditetr.-bipyr.
Bindheimit (Bleiniere) $Pb_2Sb_2O_7 \cdot 8\,H_2O$ (Ca-haltig)	gelbbraun grau- weiß gelblich	matt,Fettgl. unds. dsch.	blaßgelb grau weiß	4 4,6–5,05	amorph (?)		O_h^7 O_4 (?)
Orangit (**Thorit**) $Th[SiO_4]$	orangegelb	fettig dsicht. dsch.	gelb	4–5 5,2–5,4 (4,4–4,8)		S. *74*	

Härte 5–6

Name und chemische Formel	Farbe	Glanz Durchsichtigkeit	Strich	Härte Dichte	System	Habitus	Raumgruppe Klasse
Lepidokrokit (Rubinglimmer) FeOOH-γ	blutrot	Diamantgl. Splitter rubinrot bis gelbrot dsicht.	matt- orange	5 4	rh.	taflig n. (010)	D_{2h}^{17} rh.-bipyr.
Rutil TiO_2 (eisenh.)	rot, gelb, braun, schwarz: (Nigrin)	Diamantgl. halbmet.	blaßgelb	6½ 4,2–4,3		S. *152*	

Härte 1–2

5. Von grünem

Name und chemische Formel	Farbe	Glanz Durchsichtigkeit	Strich	Härte Dichte	System	Habitus	Raumgruppe Klasse
Embolit (Bromchlorargyrit) Ag(Cl, Br)	grün, gelb; rosagrau angel.	Diamantgl. dsicht. dsch.	gelblich- grün	1½ 5,8–6	kub.	hexaedr. oktaedr. Kr. klein	O_h^5 kub.-hex. okt.
Annabergit (Nickelblüte) $Ni_3[AsO_4]_2 \cdot 8\,H_2O$	apfelgrün grünlich- weiß	matt, selt. Perlmgl.	blaßgrün (apfel- grün)	2–2½ 3–3,1	mkl.	haarig nadlig schuppig Kr. s. selt.	C_{2h}^3 mkl.-prism.
Torbernit (Kupferuran- glimmer) $Cu[UO_2\|PO_4]_2$ $\cdot\, 8\,H_2O$	smaragd- grün(satter u. leuchten- der als Autunit!)	Perlmgl. dsch.	blaßgrün (apfel- grün)	2 3,4–3,6	tetr.	dünntaflig einzeln od. in Bündeln, pyramidal Kr. klein	D_{4h}^{17} ditetr.-bipyr.
Zeunerit $Cu[UO_2\|AsO_4]_2$ $\cdot\, 8\,H_2O$	grasgrün smaragd- grün	Perlmgl.	weißlich- grün	2–2½ 3,4–3,6	tetr.	taflig pyramid.	ditetr.-bipyr.

Spaltbarkeit Bruch	Aggregate Form	Aggregate Struktur	Ähnliche Minerale	*Verwendung* Vorkommen und Begleiter
s. gut (110) splittrig			Zirkon *160*	*Wichtiger Rohstoff für „Seltene Erden"!* 1. Muskowitreiche Pegmatite u. Granite mit Zirkon 2. In diamantf. Sanden, Goldseifen mit Monazit u. a.
muschlig	nierig knollig Krusten derb	dicht kurzfasrig erdig		Bei Verwitterung des Jamesonit u. Bournonit, Boulangerit, Bleiglanz
s. gut (010)	Rosetten glaskopfartig	schuppig pulvrig strahlig	Limonit *72* Goethit *72*	*Ziemlich selten!* 1. Auf Limonit mit Nadeleisenerz, Hämatit, Amethyst, Rauchquarz, Bergkristall, Chalcedon, Calcit 2. Galenit, Calcit, bes. als Verwitterungsprodukt aus Pyrit, Arsenkies

Strich

	meist derb Platten Krusten	dicht fasrig	Kerargyrit *106* Bromargyrit *106*	Auf Silbererzgängen: Ged. Silber, Chlorargyrit, Cerussit, Calcit, Limonit, Baryt, Quarz, Tonminerale
gut (010)	pulvrig derb angeflogen	dicht erdig		Chloanthit, Rotnickelkies, Proustit neben Kobaltblüte u. Siderit, Baryt, Calcit, Pharmakolith, Gersdorffit
gut (001) gut (110)	meist erdig	fast stets mit Autunit verwachsen	Zeunerit *88* (As!) Autunit *82* (Str.: gelb)	Auf Erzgängen und in granitischen Gesteinen: Uranocker, Uranopissit, Curit, Kasolit, Limonit, Hämatit, Quarz
s. gut (001) gut (100)	schuppig	mit Uranospinit verwachsen	Torbernit *88* u. a. Uranglimmer *82*	1. Auf Co-Ni-Ag-Erzgängen fast stets mit Torbernit 2. Klüfte in Granit Quarz, Limonit, Kobaltblüte, Uranpechblende, Wismut, Olivenit, Malachit, Mimetesit, Walpurgin, Uranotil

Name und chemische Formel	Farbe	Glanz Durch- sichtigkeit	Strich	Härte Dichte	Kristalle System	 Habitus	 Raumgruppe Klasse
Uranocircit $Ba[UO_2\|PO_4]_2$ $\cdot 8\ H_2O$	gelbl.-grün schmutzig gelb	Perlmgl. dsicht. dsch.	hellgelbl.- grün gelbgrün- lich-weiß	2–2½ 3,53	rh. ps.-tetr.	dünntaflig schuppig	rh.-bipyr.
Chalkophyllit (Kupferglimmer) $Cu_4[(OH)_5\|AsO_4]$ $\cdot 3½\ H_2O$ (?)	smaragd- grün	Perlmgl. dsicht. dsch.	hellgrün	2–2½ 2,4–2,6	trig.- rhboedr.	dünntaflig n. (0001)	D_{3d}^5 ditrig.- skal.
Tirolit (Kupferschaum) $Cu_5[(OH)_2\|AsO_4]_2$ $\cdot 7\ H_2O$	bläulich- grün himmelblau	Perlmgl.	bläulich- grün	1½–2½ 3,1	rh.		
Seladonit (Grünerde) etwa $K_2(Mg, Fe'', Ca)$ $(Fe''', Al)_2\ [(OH)_4\ \|$ $Si_8O_{20}]$	grün schwärz- lichgrün	matt	blaugrün (seladon- grün)	1–2 2,8–2,9	mkl.	kryptokrist.	
Glaukonit etwa $K_2(Mg,Fe'',Ca)$ $(Fe''', Al)_2$ $[(OH)_4\|AlSi_7O_{20}]$ $\cdot n\ H_2O$ 2–15% K_2O	olivgrün schwarz- grün gelbgrün grasgrün	Fettgl.	grün	2 2,2–2,8	mkl.		
Chlorit (var.: Pennin, Klinochlor, Prochlorit) $Mg_2Al[Si_3AlO_{10}]$ $(OH)_2 \cdot Mg_3(OH)_2$ bis $MgAl_2[Si_2Al_2O_{10}]$ $(OH)_2 \cdot Mg_3(OH)_2$	schwärz- lichgrün bläulich- grün lauchgrün	Perlmgl.	graulich- grün	2½ 2,7		S. *114*	
Delessit (Grünerde) (Mg, Fe, K_{2-0}) $[(OH)_4\|(Al,Si)Si_7O_{20}]$	dunkel- olivengrün schwärz- lichgrün	Perlmgl.	hellgrün	2½ 2,6–2,9	? mkl.	krist.	C_{2h} mkl.- prism.
Thuringit $(Fe'', Fe''', Al, Mg)_6$ $[(OH)_8\|Al_{1-2}Si_{3-2}O_{10}]$ bis 40% Fe	dunkelgrün	Perlmgl.	grünlich- grau	2–2½ 3,07–3,2	mkl.	krist.	C_{2h}^3 mkl.- prism.
Chamosit $(Fe'', Fe''', Al, Mg)_6$ $[(OH)_8\|AlSi_3O_{10}]$ od. $12\ (Fe, Mg)O \cdot Al_2O_3$ $\cdot 6\ SiO_2 \cdot 8\ H_2O$ 28,5–37,3% Fe	grünlich- schwarz grünlich- grau	matt	hellgrau- grün	2½–3 3,2	mkl. ps.-tetr.		?

Spaltbarkeit Bruch	Aggregate Form	Aggregate Struktur	Ähnliche Minerale	*Verwendung* Vorkommen und Begleiter
gut (001) (100) (010)	dünnblättrig in Drusen		Autunit *82* Uranospinit *82*	An Granitstöcken, in Pegmatiten 1. Quarz-Barytgängen 2. Gänge mit Uranglimmer
s. gut (0001)	Drusen	dicht blättrig		Malachit, Azurit, Chalkopyrit, „Chalkopissit", Cuprit, Lirokonit, Limonit, Baryt
gut (001)	derb nierig	meist schuppig, strahlig		Verwitterungsprodukt von Fahlerz, Malachit, Kupferlasur
	derb	erdig dicht	Glaukonit *90*	In Achatmandeln von Porphyren, Melaphyren, in Basaltuff. Pseudomorph nach Hornblende u. Augit Zeolithe, Calcit
s. gut (010)	Blättchen Kügelchen	schalig körnig	Seladonit *90* Thuringit *90* Chamosit *90* Greenalit	Sedimentär in Mergel und Sandstein, in Phosphoriten, in Foraminiferen u. a.
gut (001)	kuglig Krusten	schuppig kurzstrahlig	Glaukonit *90*	In Mandeln von Melaphyr und Porphyriten, Verwitterungsprodukt von Diabasen Achat, Calcit
s. gut n. einer Richtung	derb, in Ooiden	schuppig kleinkörnig oolithisch	Chamosit *90* (Ch. mikrosk. schw. pleochr.)	*z. T. wichtiges Eisenerz!* Sedimentäre Lgst. primär (?) u. regionalmetamorph in Schiefern: Magnetit, Limonit, Granat; in Quarzgängen
	derb Ooide	rundkörnig dicht oolithisch	Thuringit *90* (Th. mikrosk. st. pleochr.) Greenalit	*z. T. wichtiges Eisenerz!* Sedimentäre Lgst.: Limonit, Magnetit, Siderit, Calcit, Bleiglanz, Pyrit, in Minette, Schiefern, Kalken

Name und chemische Formel	Farbe	Glanz Durch-sichtigkeit	Strich	Härte Dichte	Kristalle System	Habitus	Raumgruppe Klasse
Garnierit (Numeait) 3 (Ni, Mg)O · 2 SiO_2 · 2 H_2O bzw. $(Ni,Mg)_6$ $[(OH)_6 \| Si_4O_{11}] \cdot H_2O$ (chrysotilähnlich) 4–36% Ni	smaragd-grün blaugrün	matt	hellgrün	2½–4 2,2–2,7	mkl. ps.-rh.	ehem. gel.	?
Schuchardtit (u. a.) $(Ni, Mg, Al, Fe)_6$ $[(OH)_8 \| (Al,Si) Si_3O_{10}]$ bzw. [3 (Ni, Mg) O · 2 SiO_2 · 2 H_2O × 2 (Ni, Mg)O · $(Al, Fe''')_2O_3$ · SiO_2 · $2H_2O$] (chlorit- bzw. antigoritähnl.)	apfelgrün gelbgrün smaragd-grün	matt glänzend	grün	2½ 2,25–2,30	mkl. ps.-hex.	taflig	?
Roscoelith $KV_2[(OH, F)_2 \|$ $AlSi_3O_{10}]$ bzw. $K(Mg, Fe)(Al, V)_4$ $Si_3O_{10}(OH)_8$ 4–16% V	hellgrün dunkel-braun grün braun	Perlmgl. dsicht.	weißlich grün	2½ 2,9–3	mkl.	dünntaflig	mkl.-prism.
Komarit $(Ni, Fe''')_6(OH)_8$ $(Fe''', Si)Si_3O_{10}$ bzw. $2NiO \cdot 3SiO_2 \cdot 2H_2O$	gelb hellgrün	Perlmgl. dsch., unds.	hellgelb-lich grün	2½–3 2,3–2,6	ps.-hex. (?)	taflig	?
Härte 3							
Pharmakosiderit (Würfelerz) $KFe^{III}_4[(OH)_4 \|$ $(AsO_4)_3] \cdot 6–7\ H_2O$	grün rotbraun gelb	glasig	gelblich-grün	3 3		S. *84*	
Klinoklas (Abichit, Strahlerz) $Cu_3[(OH)_3 \| AsO_4]$	dunkel-bläul.-grün grünlich-schwarz, schwarz angel.	Perlmgl.	bläulich-grün	2½–3 4,2–4,4	mkl.	prismat. dicktaflig	C_{2h}^5 mkl.-prism.
Pittinit (s. Gummit S. *82*) U_2O_5 bis 76,7% U	schwarz	fettig	grün	3½ 4,8–5,8	kub.	oktaedr. Kr. s. selt.	
Atakamit $CuCl_2 \cdot 3\ Cu(OH)_2$ 59% Cu	grasgrün schwärz-lichgrün	Glasgl. dsicht. dsch.	apfelgrün	3½ 3,76	rh.	prismat. nadlig haarig dicktaflig	D_{2h}^{16} rh.-bipyr.

Spaltbarkeit Bruch	Aggregate Form	Aggregate Struktur	Ähnliche Minerale	*Verwendung* Vorkommen und Begleiter
(110)	Krusten derb traubig nierig	dicht (mikr. fasrig) oft achatart. Bänderung	Pimelit (apfelgrün, giftgrün) Türkis *138*	*Wichtige Nickelerze!* In Taschen, Klüften u. Adern im Serpentin mit Opal. Chalcedon, Gymnit, Pimelit, Quarz, Magnesit, Chrysopras
(001) bröcklig talkig	knollig plattig	feinschuppig (mikr. blättr. wurmartig gekrümmt)	Pimelit (dunkler apfelgrün)	
gut (001) u. (010)	schuppig	Anflug dicht	Uranglimmer (Autunit *82*) Carnotit *86*	*z. T. wichtiges Vanadiumerz!* 1. Mit Carnotit im Sandstein als Bindemittel 2. Hydrothermale Gold-Quarzgänge
s. gut (0001) muschlig	derb	dicht schuppig	Serpentin *110* Chrysokoll *94* Pimelit	Erzgänge mit Eisenspat Limonit, Quarz, Chloanthit
gut (001) (krummblättrig)	derb nierig warzig	strahlig		Chalkopyrit, Asbolan, Chalkopissit
muschlig	derb nierig	dicht erdig		Angewitterte Uranpechblende: neben Gummit, Uranglimmer, Baryt, Fluorit, Braunspat, Galenit, Pyrargyrit, ged. Wismut, Chloanthit, Chalkopyrit
s. gut (010) gut (101)	derb	dicht körnig blättrig	Malachit *94* Libethenit *94* Olivenit *84* Dioptas *96*	*z. T. wichtiges Kupfererz!* 1. Oxydationserz in Wüsten 2. An Vulkanen, selten Limonit, Hämatit

Name und chemische Formel	Farbe	Glanz Durchsichtigkeit	Strich	Härte Dichte	Kristalle System	Habitus	Raumgruppe Klasse
Euchroit $Cu_2[OH\|AsO_4] \cdot 3\,H_2O$	smaragdgrün lauchgrün	Glasgl. dsch.	bläulichgrün	3½ 3,3	rh.	dicktaflig kurzsäulig vertikal gestreift	D_2^4 rh.-bisphen.
Lirokonit (Linsenerz) $Cu_9Al_4[(OH)_3\|AsO_4]_5 \cdot 20\,H_2O$	bläulichgrün himmelblau	fettig dsch.	bläulichgrün	2–2½ 2,9	mkl.	kurzsäulig pyramidal linsenförmig	C_{2h}^6 mkl.-prism.
Kraurit (Dufrenit Grüneisenerz) $Fe^{II}Fe_4[(OH)_3\|PO_4]_3$	dunkelgrün grünlichschwarz braun angel.	wenig Fettgl. dsch. fast unds.	gelblichgrün (zeisiggrün)	3½–4 3,3–3,5	mkl. ps.-rh.	würflig Kr. klein, selt.	
Libethenit $Cu_2[OH\|PO_4]$	dunkelgrün grünlichschwarz	fettig wenig dsch.	hellgrün (apfelgrün)	3½–4 3,8	rh.	oktaederähnlich durch (110) und (101) Kr. klein, einzeln	D_{2h}^{12} rh.-bipyr.
Brochantit $Cu_4[(OH)_6\|SO_4]$ oder $CuSO_4 \cdot 3Cu(OH)_2$ 56,2% Cu	smaragdgrün schwärzlichgrün	Glasgl. Perlmgl. dsicht. dsch.	smaragdgrün	3½–4 3,9	mkl.	kurznadlig Kr. klein	C_{2h}^5 mkl.-prism.
Antlerit $Cu_3[(OH)_4\|SO_4]$	smaragdgrün schwärzlichgrün	Diamantgl.	grün	3 3,9	rh.	kurznadlig	D_{2h}^{16} rh.-bipyr.
Malachit $Cu_2[(OH)_2\|CO_3]$ od. $CuCO_3 \cdot Cu(OH)_2$ 57,5% Cu	smaragdgrün; auf (001) grünlichschwarz	Glasgl. seidig matt dsch. opak	smaragdgrün	4–3½ 4,0	mkl.	nadlig, haarig Büschel, häufig pseudomorph n. anderen Kupfererzen, Kr. selt.	C_{2h}^5 mkl.-prism.

Härte 4–5

Name und chemische Formel	Farbe	Glanz Durchsichtigkeit	Strich	Härte Dichte	Kristalle System	Habitus	Raumgruppe Klasse
Chrysokoll (Kieselkupfererz) $CuSiO_3 \cdot 2\,H_2O$ 36,2% Cu	smaragdgrün grünlichblau	matt selten; fettig	bläulichgrün grünlichweiß	3½ 2,2	amorph	ehem. gel. kryptokrist.	
Alabandin (Manganblende) MnS	schwarz matt dunkelbraun angel.	frisch: halbmet. fast unds.	dunkelgraugrün	4 4,0		S. *58*	

Spaltbarkeit Bruch	Aggregate Form	 Struktur	Ähnliche Minerale	*Verwendung* Vorkommen und Begleiter
gut (110) spröde!	Krusten Drusen		Dioptas *96*	Olivenit, Kakoxen, in Glimmerschiefern auf Kupferlgst.
	auch derb	Drusen		Chalkopyrit, Chalkopissit, Chalkophyllit, Fahlerz, Limonit
s. gut (010) s. spröd!	meist nierig traubig kuglig	(radial-) strahlig	Limonit *72*	Brauneisenlgst.: Limonit, Kakoxen
muschlig	nierig kuglig	dicht	Malachit *94* Phosphorochalcit *96* Olivenit *84* Atakamit *92*	*Oxydationszone* von Kupfererzen: Malachit, Cuprit, Limonit, Quarz
s. gut (010)	nierig plattig	fasrig körnig	Antlerit *94*	*Häufig in der Oxydationszone von Kupfererzen; z. T. wichtiges Erz!* Malachit, Antlerit, Chalkopyrit, Atakamit, ged. Kupfer, Limonit, Quarz
s. gut (010)	nierig plattig	fasrig körnig	meist mit Brochantit verwechselt	
	derb nierig traubig angeflogen	radialfasrig dicht erdig	Phosphorochalcit *96* Kupferphosphate u. -Arsenate Chrysokoll *94* Atakamit *92* Brochantit *94*	*Häufiges Kupfererz!* 1. Besonders in der Verwitterungszone von Kupfererzen: Limonit, Chalkopyrit, Bornit, Tetraedrit, Chalkosin, Cuprit, ged. Kupfer, Hämatit, Azurit 2. Imprägnation von Sandstein (Kupfersandstein)
muschlig	derb nierig traubig Krusten	dicht erdig	Aurichalcit *98*	*z. T. wichtiges Kupfererz!* In der oberen Zone in Kupferlgst. mit Malachit, Dioptas, Chalkopissit, Chalkopyrit, Chalkosin, Cuprit, ged. Kupfer, Limonit, Cerussit

Name und chemische Formel	Farbe	Glanz Durch-sichtigkeit	Strich	Härte Dichte	Kristalle		
					System	Habitus	Raumgruppe Klasse
Phosphorochalcit (Pseudo-Malachit) $Cu_3[(OH)_3 \mid PO_4]$	smaragd- grün schwärz- lichgrün meist dun- kel angel.	fettig	smaragd- grün	4½–5 3,6	krist. (?) mkl.		
Dioptas $Cu_3[Si_3O_9] \cdot 3\,H_2O$ oder $CuSiO_3 \cdot H_2O$ 40,4% Cu	smaragd- grün	Glasgl. dsicht.	bläulich- grün	5 3,3	trig.	kurzsäulig, aufgewachsen	C_{3i}^2 trig.- rhboedr.
Hedenbergit $CaFe^{II}[Si_2O_6]$	lauchgrün olivengrün dunkelgrün	nichtmet.	lichtgrün	5 3,47		S. *146*	

Härte 6

Name und chemische Formel	Farbe	Glanz Durch-sichtigkeit	Strich	Härte Dichte	System	Habitus	Raumgruppe Klasse
Gemeiner, basaltischer **Augit** **(Pyroxen)** (Ca, *Mg*, Fe) $[(Si, Al)_2O_6]$ bzw. $Ca_{6,5}Na_{0,5}Fe_1''Mg_6$ $(Al, Fe''', Ti)_2$ $[Al_2Si_{14}O_{48}]$	schwarz- grün grünlich- schwarz	gemein	graulich- grün	6 3,3–3,5	mkl.	kurzsäulig dicktafl. (achtseit. Querschnitte)	C_{2h}^6 mkl.- prism.
Gemeine, basalt. **Hornblende** **(Amphibol)** $(OH)_2(Mg, Fe, Al)_5$ $Ca_2[(Si, Al)_8O_{22}]$bzw. $(Na,K)_{0,5-2}Ca_{3-4}Mg_{3-8}$ $Fe''_{2-4}Ti_{0-2}(Al, Fe''')_2$ $[(OH)_4 \mid Al_{2-4}Si_{12-14}$ $O_{44}]$(Fe_2O_3-reich: basaltische Hbl.)	schwarz- grün grünlich- schwarz	gemein	graugrün	5–6 3,1	mkl.	kurzsäulig kurznadlig (sechsseit. Querschnitte)	C_{2h}^3 mkl.- prism.
Aegirin (Klinopyroxen) $NaFe'''[Si_2O_6]$	grünlich- schwarz	Glasgl. halbmet. unds. (i.D.-Schliff grün)	dunkel- grün grünlich- grau	6–6½ 3,5	mkl.	säulig nadlig Kr. s. groß	C_{2h}^6 mkl.- prism.

Spaltbarkeit Bruch	Aggregate Form	Struktur	Ähnliche Minerale	*Verwendung* Vorkommen und Begleiter
	derb nierig	dicht fasrig	Malachit *94* Libethenit *94* Olivenit *84*	Malachit, Cuprit, Chalcedon, Limonit, Lasurit
s. gut (10$\bar{1}$1) muschlig spröd!	meist Einzelkrist.		Malachit *94* Atakamit *92* Euchroit *94*	Obere Zone von Kupferlgst., auf Calcitgängen, auf Klüften in Dolomit, Sandstein; Chrysokoll, Calcit *Schmuckstein!*
gut (110):87° u. a.	derb	körnig	Amphibole *148* Olivin *158* Turmalin *160* Liëvrit *98*	1. Einsprenglinge in Lava und Tuffen, Basalt, Dolerit, Andesit, Melaphyr, Diabas 2. In Auswürflingen von Vulkanen 3. In metasomatischen Skarn-Magnetitlgst. u. kontaktmetamorphem Kalk Amphibol, Granat, Titanit, Feldspäte, Calcit, Pyrit, Magnetit, Kupferkies, Bleiglanz, Quarz
s. gut (110):124° u. a.	derb	stenglig fasrig körnig	Pyroxen *96* Aegirin *96* Epidot *156* Turmalin *160*	1. Gemengteil in Syenit, Diorit, Gneis, Amphibolit 2. Auf metamorphen Magnetit-, Kies-, Blende-, Bleiglanzlgst. als Skarnmineral Pyroxen, Granat, Feldspäte, Epidot, Calcit, Magnetit, Pyrit, Chalkopyrit, Blende, Galenit
gut (110)	derb	fasrig	Hornblende *96*	In Elaeolithsyenit, Alkaligranit u. -pegmatiten sowie deren Ergußgesteinen: Feldspäte, Elaeolith, Eudialyt, Arfvedsonit, Barkevikit, Sodalith

Name und chemische Formel	Farbe	Glanz Durch- sichtigkeit	Strich	Härte Dichte	Kristalle System	Habitus	Raumgruppe Klasse
Arfvedsonit (Alkali-Amphibol) $(OH)_2(Fe,Na,Al)_7$ $[(Si, Al)_8O_{22}]$ bzw. $Na_5Ca(Fe'',Mg,Ti)_7$ $Fe''_3[(OH)_4 \mid (Al,$ $Fe''')Si_{15}O_{44}]$	blau- schwarz	Glasgl.	dunkel- graugrün	5½–6 3,4		S. *100*	
Lievrit **(Ilvait)** $CaFe^{II}_2Fe^{III}$ $[OH \mid (SiO_4)_2]$	schwarz n. bräunl.	Glasgl. unds. halbmet. Fettgl.	dunkel- grün schwärz- lichgrün	5½–6 4,1	rh.	säulig nadlig Kr. stark längsgestr.	D_{2h}^{10} rh.-bipyr.
Gadolinit $Y_2Fe[O \mid BeSiO_4]_2$ (mit Th u. „seltenen Erden") 38% Y	schwarz	fettig unds.	grünlich- grau	6½–7 4–4,7		S. *162*	

Härte 7

Uwarowit (Chromgranat) $Ca_3Cr^{III}_2[SiO_4]_3$	dunkel- smaragd- grün	Glasgl.	blaßgrün	7 3,4	kub.	dodekaedr.	O_h^{10} kub.-hex. okt.
Pleonast (Ceylonit) Al_2MgO_4 bzw. $(Mg, Fe)O$ $\cdot (Al, Fe''')_2O_3$	schwarz schwärz- lichgrün	Glasgl. meist opak	schwärz- lichgrün	7½ 3,7	kub.	oktaedr.	O_h^7 kub.-hex. okt.
Hercynit Al_2FeO_4 bzw. $(Mg, Fe)O \cdot Al_2O_3$	schwarz	Glasgl. opak	grau- schwarz- grün	7½ 3,9–4	kub.	keine Kr.	O_h^7 kub.-hex. okt.

Härte 2

6. Von blauem

Aurichalcit (Messingblüte) $2\,(Zn, Cu)CO_3$ $\cdot 3\,(Zn, Cu)(OH)_2$ 18–28% CuO	hellgrün grünlich- blau hellblau	Perlmgl. seidig	grünlich- bläulich	2 3,64–3,54	mkl.	Blättchen nadelig	
Vivianit $Fe_3[PO_4]_2 \cdot 8\,H_2O$	indigoblau dunkelgrün grünlich- schwarz	Perlmgl. matt halbmet. dsch.	farblos wird blau (!)	2½ 2,6–2,7	mkl.	säulig nadlig	C_{2h}^3 mkl.- prism.

Spaltbarkeit Bruch	Aggregate Form	Aggregate Struktur	Ähnliche Minerale	*Verwendung* Vorkommen und Begleiter
gut (010) (001), (100)	derb	fasrig strahlig körnig	Turmalin *160* Strahlstein *148*	1. Kontaktmetamorph: bes. in Magnetitlgst.: Pyroxen, Amphibol, Zink- u. Kupfererze 2. Sodalithsyenit 3. In Lava (braun)
			bes. niedrige Dichte gegenüber den sonstigen isotropisierten Mineralen!	
	Krusten	dicht feinkörnig	s. S. *160*	1. Auf Klüften in Chromit u. Serpentin 2. In Kalk u. Dolomit
muschlig	derb	körnig	Granat *160*	1. Einsprenglinge in kontaktmetamorphem Kalk. Begl.: grüner Pyroxen, Chondrodit, Biotit, Vesuvian, Korund, Graphit 2. Metamorph in Gneisen mit Kalkeinlagerungen 3. Gemengteil von ultrabasischen Eruptivgesteinen 4. Lose in Seifen
	derb	körnig dicht	Magnetit *60* Chromit *62* Gahnit *166* Franklinit *62*	1. Besonders auf Titanomagnetitlgst. 2. In Granuliten Korund, Magnetit, Granat, Amphibol, Pyroxen
Strich				
s. gut (100)	derb	Rosetten fasrig schuppig körnig	Chrysokoll *94*	Oxydationszone von Kupfer- u. Zinkerzen: Limonit, Blende, Chalkopyrit, Smithsonit, Malachit
gut (010) dünne Blättchen biegsam	derb kuglig nierig	strahlig erdig: (Blaueisenerz)	Kupferlasur *100* Lazulith *138*	1. Auf Zinnstein-Wolframit-Apatitgängen: Magnetkies, Pyrit, Chalkopyrit, Spateisenstein 2. Torf, Ton, Raseneisenerz; in fossilen Knochen und Muscheln

Name und chemische Formel	Farbe	Glanz Durch- sichtigkeit	Strich	Härte Dichte	Kristalle System	Habitus	Raumgruppe Klasse
Linarit (Bleilasur) $PbCu[(OH)_2 \mid SO_4]$ oder $(Pb, Cu)SO_4$ $\cdot (Pb, Cu)(OH)_2$	lasurblau	st. Glasgl. dsch.	hellblau	2½–3 5,3–5,5	mkl.	nadlig n. [010] taflig Kr. klein, flächenr.	mkl.- prism.

Härte 3–4

Chrysokoll (Kieselkupfererz) $CuSiO_3 \cdot 2\,H_2O$	blau grünlich- blau	matt fettig dsch. opak	grünlich- blau kobaltblau blaßblau	3½ 2–2,3		S. *94, 122*	
Azurit **(Kupferlasur)** $Cu_3[(OH)_2 \mid (CO_3)_2]$ oder $2\,CuCO_3 \cdot Cu(OH)_2$ 55,3% Cu	lasurblau	Glasgl. dsch.	kobalt- blau	3½–4 3,7–3,9	mkl.	kurzsäulig dicktaflig dünntaflig nadlig stumpf- rhomboedr.	C_{2h}^5 mkl.- prism.

Härte 5–6

Dioptas $Cu_3[Si_3O_9] \cdot 3\,H_2O$	smaragd- grün	Glasgl.	grünlich- blau	5 3,3		S. *96*	
Lasurit **(Lapislazuli)** (zur Sodalithgruppe) $(Na, Ca)_8[(SO_4, S,$ $Cl_2)/(AlSiO_4)_6]$ oder $6\,Na\,[AlSiO_4]$ $(2\,NaCl, Na_2SO_4,$ $Na_2S_3, 2\,CaSO_4)$	lasurblau auch grünl.- violett	fettig	kobalt- blau blaßblau	5½ 2,4	kub.	Rhomben- dodekaedr. Kr. s. selt.	
Glaukophan (Alkali-Amphibol) $(OH)_2\,(Na, Al, Fe,$ $\mathit{Mg})_7\,[Si_8O_{22}]$ bzw. $Na_4\,Mg_{3\text{-}6}\,Fe''_{2\text{-}3}$ $Fe'''_{0\text{-}0,5}\,Al_{3,5\text{-}4}$ $[(OH)_4/Al_{0\text{-}0,5}$ $Si_{15,5\text{-}16}O_{44}]$	blau blaugrau	Glasgl. dsch.	graublau	6 3–3,1	mkl.	prismat. selt. mit Endflächen	C_{2h}^3 mkl.- prism.
Arfvedsonit (Alkali-Amphibol) $(OH)_2\,(\mathit{Fe}, Na, Al)_7$ $[(Si, Al)_8O_{22}]$ bzw. $Na_5Ca\,(Fe'', Mg, Ti)_7$ $Fe''_3[(OH)_4/(Al,$ $Fe''')\,Si_{15}\,O_{44}]$	schwarz tiefblau	Glasgl.	grau grünblau	5½–6 3,4	mkl.	langsäul. (groß) taflig (klein) selt. m. Endfl.	C_{2h}^3 mkl.- prism.

Spaltbarkeit Bruch	Aggregate Form	Aggregate Struktur	Ähnliche Minerale	*Verwendung* Vorkommen und Begleiter
s. gut (100) gut (001)			Kupferlasur *100* (CO_2: chemisch!)	Oxydationszone von Blei- u. Kupfererzen: Chalkopyrit, Galenit, Cerussit, Calcit
(100)	derb nierig	strahlig dicht erdig	Linarit *100* (chemisch!) Vivianit *98* Lasurit *100*	*z. T. wichtiges Kupfererz!* 1. Besonders im Ausgehenden von Kupfererzlgst.: Malachit, Limonit, Chalkopyrit, Fahlerz, Enargit, Cuprit, Chalkosin; auch Cerussit, Smithsonit, Ton 2. Imprägnation in Buntsandstein u. Permsandstein
	derb	dicht feinkörnig	Sodalith *140* Nosean *140* Hauyn *142* Lazulith *138*	*Schmuckstein!* 1. Kontaktmetamorph in Kalk 2. Selten in vulkanischen Auswürflingen, meist mit Körnchen und Äderchen von Pyrit; nicht Quarz
gut (110)	derb	stenglig körnig	Disthen *138*	In Glaukophanschiefer, Glimmerschiefer, Gneis Granat, Epidot, Omphacit, Chlorit, Glimmer
s. gut (110)	derb.	stenglig körnig	Aegirin *96*	In Nephelin- u. Augitsyenit, Syenitpegmatit, Pantellerit: Elaeolith, Sodalith, Eudialyt, Feldspat, Aegirin, Zirkon

III. NICHTMETALLISCH GLÄNZENDE MINERALE VON FARBLOSEM STRICH (weiß, grau)

1. Sehr weiche: 1–3

Härte 1 104
„ 2 106
„ $2^1/_2$ 110

2. Weiche: 3–4

Härte 3 116

3. Halbharte: 4–5

Härte 4 122
„ $4^1/_2$ 128
„ 5 130

4. Harte: 5–6

Härte $5^1/_2$ 140
„ 6 142

5. Sehr harte: über 6

Härte $6^1/_2$ 152
„ 7 158
„ 8 164

III.

Statistische Darstellung der angeführten nichtmetallisch glänzenden Minerale mit farblosem Strich nach der Häufigkeit der kristallchemischen Mineral-Klassen

I Elemente
II Sulfide, Arsenide, Antimonide u. a.
III Halogenide
IV Oxyde, Hydroxyde (einschließl. Nb, Ta, Ti)
V Karbonate, Nitrate
VI Sulfate
VII Phosphate, Arsenate, Tellurate
VIII Vanadate, Chromate, Molybdate, Wolframate, Uranate
IX Silikate
X Organische

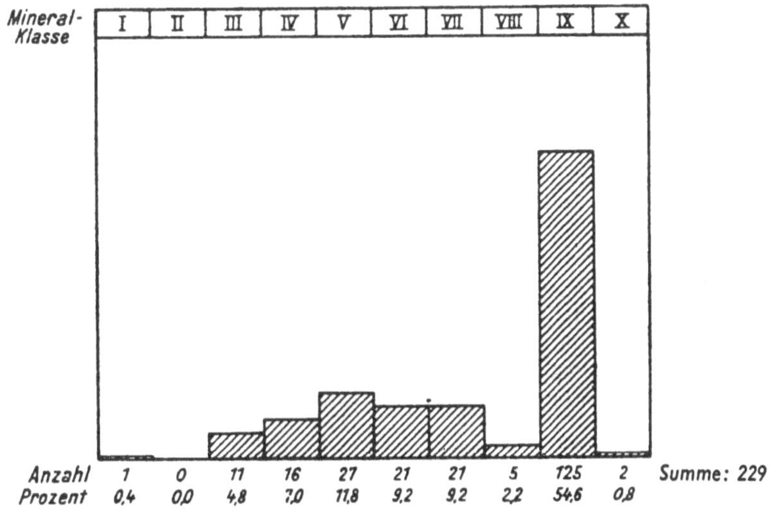

III. GEMEINGLÄNZENDE MINERALIEN VON

Name und chemische Formel	Farbe	Glanz Durch- sichtigkeit	Härte Dichte	Kristalle System	 Habitus	 Raumgruppe Klasse
Härte 1						**1. Sehr weiche**
Sassolin $B_2O_3 \cdot 3\,H_2O$ 56,5% B_2O_3	weiß	Perlmgl.	1 1,4–1,5	trkl.	schuppig spanförmig	C_i^1 trkl.-pin.
Ulexit (Boronatrocalcit) $NaCaB_5O_9 \cdot 8\,H_2O$ 22–26% B_2O_3	weiß	seidig	1 1,7	trkl.		
Aluminit $Al_2[(OH)_4 \vert SO_4] \cdot 7\,H_2O$	weiß gelblichweiß	matt dsch.	1 1,7	mkl.? rh.?	kryptokrist.	
Talk (var.: **Steatit** = Speckstein) $Mg_3[(OH)_2 \vert Si_4O_{10}]$ oder $3\,MgO \cdot 4\,SiO_2 \cdot H_2O$	weiß grünlichweiß apfelgrün gelb braun	Perlmgl. dsicht. unds.	1 2,7–2,8	mkl.	schuppig blättrig Umrisse scheinb. rh. od. hex.	C_{2h}^6 (C_s^4)? mkl.-prism.; (mkl.-dom.)
Kaolinit (var.: **Steinmark**, Modif.: Dickit, Nakrit) $Al_4[(OH)_8 \vert Si_4O_{10}]$ oder $Al_2O_3 \cdot 2\,SiO_2 \cdot 2\,H_2O$ 39,5% Al_2O_3 46,6% SiO_2 13,9% H_2O	weiß gelb grünlich bläulich rot	Perlmgl. matt	1 2,6–2,1	mkl. ps.-hex.	dünne ps.-hex. Plättchen	C_s^4 mkl.-dom. trikl.?
Montmorillonit $Al_2[(OH)_2Si_4O_{10}]$ $\cdot$ (Mg, Ca) $\cdot$ m H_2O oder (Ca, Mg)O $\cdot$ Al_2O_3 $\cdot\,4\,SiO_2 \cdot$ m H_2O	grauweiß gelb rötlich grünlich	matt	1–2 2	mkl. ps.-rh.		

WEISSEM ODER HELLGRAUEM STRICH

Spaltbarkeit Bruch	Aggregate Form	Aggregate Struktur	Ähnliche Minerale	*Verwendung* Vorkommen und Begleiter
gut (001)	zapfenförmig derb	schuppig	Borax *106* Kernit *112*	*Rohstoff für Borsäure!* An Vulkanen, als Absatz heißer Quellen, Schwefel
	knollig (Cottenball)	feinfasrig	Pandermit *120* Colemanit *122* Datolith *136*	*Wichtiger Rohstoff für Borsäure!* In Boraxseen: Steinsalz Gips, Glauberit
zerreiblich	knollig derb	erdig schuppig	Alunit *126*	Ton, Mergel, Sandstein, Sand Gips, Kreide
s. gut (001)	derb	krumm-blättrig dünnschalig schuppig (dicht: Speck-stein)	Serizit *115* Chlorit *114* Brucit *110* Gips *108* Pyrophyllit *106*	1. Hydrothermales u. epizonal-metamorphes Umwandlungsprodukt von Serpentin (Talkschiefer): Aktinolith, Magnesit, Dolomit, Apatit, Magnetit, Pyrit 2. Umwandlungsprodukt aus Dolomit an Granit (Specksteinlager u. -gänge) 3. Auf manchen Erzlagerstätten (Sköl)
gut (001)	derb locker	feinschuppig erdig, dicht (splittrig)	Pyrophyllit *106* Serizit *115* Montmorillonit *104* „Gümbelit“	*Wichtiger keramischer u. Aluminiumrohstoff! Wichtigstes Tonmineral!* 1. Hydrothermale Bildungen; selbständige Lager, Schichten in der Steinkohlenformation (Tonstein, Lette) 2. Aus verwittertem Granit u. Porphyr 3. Auf Bleiglanz- u. Zinnsteingängen als späte Bildung 4. In manchen Sandsteinen
s. gut (001) mild zerreiblich	derb Plättchen	dicht, fein-schuppig quellend	Kaolinit *104*	*Wichtiges Tonmineral! Bleicherde!* 1. In Tonen, Böden, Lgst. von Aschentuffen, Bentonit; *Wundererde!* 2. In Pegmatiten, Solfataren

Name und chemische Formel	Farbe	Glanz Durch-sichtigkeit	Härte Dichte	Kristalle System	Habitus	Raumgruppe Klasse
Pyrophyllit (Agalmatolith) $Al_2[(OH)_2 \mid Si_4O_{10}]$ oder $Al_2O_3 \cdot 4\ SiO_2 \cdot H_2O$	silbrigweiß gelblich grünlich	Perlmgl. dsch.	1½ 2,8	mkl.	taflig n. (001)	C_{2h}^6 mkl.-prism. (C_s^4 mkl.-dom.)
Chlorargyrit **(Hornsilber)** Kerargyrit) AgCl 75% Ag	grau braun violett graugrün schwarz	Diamantgl. fettig (glänz.)	1½ 5,6	kub.	hexaedr. oktaedr. Kr. klein	O_h^5 kub.-hex. okt.
Kalomel (Quecksilberhornerz) Hg_2Cl_2	weißlich gelblichgrau braun	Diamantgl.	1½ 6,4–6,5	tetr.	pyramidal dicktaflig kurznadlig Kr. klein, flächenr.	D_{4h}^{17} ditetr.-bipyr.
Glaubersalz (Mirabilit) $Na_2[SO_4] \cdot 10\ H_2O$	weiß farblos	matt dsicht. (glänz.)	1½ 1,49	mkl.	taflig n. [010]	C_{2h}? mkl.-prism.
Härte 2						
Schwefel S	gelb gelbbraun grau, braun	Diamantgl. fettig	2 2–2,1		S. *80*	
Senarmontit Sb_2O_3	weiß grau	Diamantgl. Fettgl.	2 5,2–5,3	kub.	oktaedr.	O_h^7 kub.-hex. okt.
Bromargyrit **(Bromsilber,** Bromit) AgBr	gelb,olivgrün braungelb grau angel.	Diamantgl. matt	2 5,8–6,0	kub.	Würfel Oktaeder	O_h^5 kub.-hex. okt.
Borax $Na_2B_4O_7 \cdot 10\ H_2O$ 36,7% B_2O_3	weiß grau	fettig	2 1,7–1,8	mkl.	kurzsäulig taflig (augitähnl.)	C_{2h}^6 mkl.-prism.
Salmiak NH_4Cl	farblos gelb braun	fettig	2 1,53	kub. ps.-tetr.	ikositetr. oktaedr. hexaedr. Kr. selt., klein	O_h^1 kub.-hex. okt.
Bischofit $MgCl_2 \cdot 6\ H_2O$	weiß	Glasgl.	1½–2 1,59	mkl. ps.-hex.		C_{2h}^3 mkl.-prism.
Tachyhydrit $CaMg_2Cl_6 \cdot 12\ H_2O$ oder $2\ MgCl_2 \cdot CaCl_2 \cdot 12\ H_2O$	wachsgelb honiggelb weiß	Glasgl.	2 1,7	hex.	keine natürl. Kr.	D_{3d}? ditrig.-skal.

Spaltbarkeit Bruch	Aggregate Form	Aggregate Struktur	Ähnliche Minerale	*Verwendung* Vorkommen und Begleiter
gut (001)	derb	grobstrahlig schuppig dicht: (speck-steinartig. Agalmatolith)	Talk *104* Margarit *130* Kaolinit *104*	1. Auf Quarzgängen in Schiefern 2. Auf Zinnsteingängen mit Amblygonit Kyanit, Lazulith, Quarz 3. In Schiefertonen
Spaltb. fehlt schneidbar!	derb Krusten angeflogen		Embolit *88* Bromargyrit *106*	*Wichtiges Silbererz!* 1. Im eisernen Hut von Silbererzgängen: ged. Silber, Embolit, Jodargyrit, Cerussit, Calcit, Baryt, Limonit 2. Imprägnation im Sandstein
gut (100), (111)	in Krusten	dicht		Auf Zinnoberlgst.: Zinnober, ged. Quecksilber, Fahlerz, Baryt, Quarz
	Ausblühungen u. Krusten	fasrig erdig körnig	Thenardit *112* Glaserit Glauberit *116*	1. In Salzlgst. auf Gips, Halit, Ton, Mergel 2. An Salzseen und in Steppen
gut (111)	derb	körnig dicht		*Nicht häufig.* In Gängen sekundär Valentinit, Kermesit, ged. Antimon, Antimonit, Antimonocker
Spaltb. fehlt; geschmeidig!	derb Krusten		Embolit *88* Kerargyrit *106*	*Lokal wichtiges Silberhuterz!*
gut (100), (110) muschlig			Sassolin *104* Kernit *112*	Im Uferschlamm von Boraxseen; sedimentäre Lgst. mit Steinsalz, Mirabilit Soda
schlecht (111) muschlig	derb Krusten	fasrig erdig		1. An Vulkanen 2. Sublimationsprodukt auf brennender Kohlenhalden
zerfließlich!		körnig blättrig	Carnallit *116* Kainit *112* Tachyhydrit *106*	Sek. Mineral der Carnallitregion
$(10\bar{1}1)$ zerfließlich	knollig derb	körnig	Carnallit *116* Kainit *112* Bischofit *106*	Kainit, Carnallit, Anhydrit

Name und chemische Formel	Farbe	Glanz Durch-sichtigkeit	Härte Dichte	Kristalle System	Habitus	Raumgruppe Klasse
Natronsalpeter (Natronitrit) $NaNO_3$	weiß,farblos gelblich violett	Glasgl.	1½–2 2,2–2,3	trig.	keine nat. Kr.	D_{3d}^6 ditrig.-skal.
Kalisalpeter (Kalinitrit) KNO_3	farblos weiß grau	Glasgl.	2 1,9–2,1	rh.	keine nat. Kr.	D_{2h}^{16} rh.-bipyr.
Bittersalz **(Epsomit)** $Mg[SO_4] \cdot 7\ H_2O$ nicht hygroskopisch!	weiß gelblich rötlich	Glasgl.	2–2½ 1,68	rh. ps.-tetr.	haarig nadlig	D_2^4 rh.-bisphen.
Tschermigit (Ammon-Alaun) $(NH_4)Al[SO_4]_2 \cdot 12\ H_2O$	weiß	Glasgl.	2 1,65	kub.	keine Kr.	T_h^6 kub.-dis. dod.
Keramohalit (Alunogen) $Al_2[SO_4]_3 \cdot 16\ H_2O$	weiß gelblich	seidig dsch.	1–2 1,6–1,7	mkl.	haarig nadlig taflig	
Goslarit (Zinkvitriol) $Zn[SO_4] \cdot 7\ H_2O$	weiß grau gelblich	Glasgl.	2 2	rh. ps.-tetr.	haarig nadlig Kr. selt.	D_2^4 rh.-bisphen.
Melanterit (Eisenvitriol) $Fe[SO_4] \cdot 7\ H_2O$	lichtgrün; gelb, braun angel.	Glasgl. dsicht. dsch.	2 1,9	mkl. ps.- rhomb.	haarig nadlig säulig	C_{2h}^5 mkl.-prism.
Coquimbit $Fe_2^{III}[SO_4]_3 \cdot 9\ H_2O$	weiß bläulich grünlich violett	Glasgl.	2 2,1	hex.	dicktaflig säulig rhomboedr. oktaeder- ähnlich Kr. klein	D_{6h} dihex.-bipyr.
Kupfervitriol **(Chalkanthit)** $Cu[SO_4] \cdot 5\ H_2O$ 25,5% Cu	blau	Glasgl. dsch.	2 2,3	trkl.	taflig schuppig Kr. selt.	C_i^1 trkl.-pin.
Gips $Ca[SO_4] \cdot 2\ H_2O$ (oft bituminös) 23,3% Ca, 18,7% S	weiß grau, selten gelb, rot, braun	Glasgl. seidig Perlmgl. auf (010) dsicht., dsch.	2 2,2–2,4	mkl.	säulig taflig nadlig Schwalben- schwanz- Zwillinge n. (100)	C_{2h}^6 mkl.-prism.

Spaltbarkeit Bruch	Aggregate Form	Aggregate Struktur	Ähnliche Minerale	*Verwendung* Vorkommen und Begleiter
gut (10$\bar{1}$1)	derb	körnig		Selbständige Lager: Halit, Mirabilit, Glauberit, Gips, Ton, Guano
	nadlig haarförmig Krusten	körnig		In Kalkhöhlen mit Natronsalpeter
gut (010)	zapfenförmig Ausblühungen	körnig fasrig erdig	Kieserit *116*	1. Umwandlungsprodukt des Kieserit 2. Verwitterungsprodukt auf Erzlgst. 3. Ausblühungen in Steppen
	Platten (in Trümmern)	fasrig		In Braunkohle und auf brennenden Halden; auf Ton, Gips
gut n. einer Richtung	nierig traubig Krusten	fasrig schuppig körnig		1. Zersetzungsprodukt in Erzgängen, Braun- u. Steinkohle; auf Halden: Pyrit, Alaun, Eisenvitriol, Zinkvitriol 2. In Solfataren
gut (010)	zapfenförmig nierig	körnig		Auf Blende führenden Erzlgst.: Blende, Melanterit, Chalkanthit, Keramohalit
gut (110), (001) muschlig	zapfenförmig nierig Krusten	dicht fasrig	Geschmack tintig!	1. Auf Kieslgst.: Keramohalit, Chalkanthit, Goslarit, Pyrit, Markasit 2. In Tonen und Schiefern 3. In Stein- und Braunkohlen
		meist körnig dicht		1. Auf Quecksilber- u. Kupfererzgängen: Copiapit, Jaspis 2. Vulkanisch
(1$\bar{1}$0), (110) muschlig	nierig Zapfen, angeflogen	dicht stenglig körnig		*z. T. wichtiges Kupfererz!* Verwitterungsprodukt auf Kupferkieslgst.: Chalkopyrit, Pyrit, Melanterit, Goslarit, in ariden Gebieten
s. gut (010), ($\bar{1}$11) (100)	derb	körnig (Alabaster), dicht fasrig schuppig erdig	Anhydrit *116* Talk *104* Kaolinit *104* Brucit *110*	1. Sedimentär als selbständiges Gestein od. mit Dolomit, Anhydrit, Steinsalz, Aragonit, Boracit, Schwefel 2. Konkretionen in Ton, Mergel, Kalkstein, Sand, Braunkohle (schöne Kr.) 3. Als Neubildung auf sulfidischen Erzgängen (z. T. riesige Kr.)

Name und chemische Formel	Farbe	Glanz Durchsichtigkeit	Härte Dichte	Kristalle System	Habitus	Raumgruppe Klasse
Pharmakolith $CaH[AsO_4] \cdot 2\,H_2O$	weiß rot grünlich durch Co-Ni-blüte	Glasgl. seidig	2 2,6	mkl.	feinnadlig n. [010]	C_2^3 mkl.-sphen.
Annabergit (Nickelblüte) $Ni_3[AsO_4]_2 \cdot 8\,H_2O$	apfelgrün	meist nur schimmernd bis matt, selt. Perlmgl.	2 3–3,1		S. *88*	
Struvit $(NH_4)MgPO_4 \cdot 6\,H_2O$	gelb hellbraun weiß	Glasgl. dsch.	1½–2 1,66–1,75	rh.	sargähnlich taflig, nur eingewachs. Kr.	C_{2v} rh.-pyr. (! hemimorph)
Brucit $Mg(OH)_2$	weiß grünlich gelb rotbraun	Glasgl. Perlmgl. auf (0001)	2 2,4	hex.	taflig n. (0001) pyramidal nadlig	D_{3d}^3 ditrig.-skal.
Meerschaum (Sepiolith) $H_4Mg_2Si_3O_{10}$ oder $2\,MgO \cdot 3\,SiO_2 \cdot 2\,H_2O$	weiß, gelblich	matt	2–2½ 2,0	mkl.?	kryptokrist.	
Gymnit (Deweylith) $Mg_6Si_4O_{10} \cdot 10\,H_2O$ (?) 0 bis 30% NiO	bräunlichgelb (geadert) rötlich grünlich	fettig dsicht.	2½ 2–2,3	amorph?	kryptokrist.	
Chrysotil (Asbest, Faser-Serpentin) $Mg_6[(OH)_6 \mid Si_4O_{11}] \cdot H_2O$ oder $3\,MgO \cdot 2\,SiO_2 \cdot 2\,H_2O$	blau, grün grünlichweiß goldgelb	eigentümlich metallisch seidig matt	2 2,6	mkl. ps.-rh.	keine Kr.-flächen	C_{2h}^3 mkl.-prism.

Härte $2^1/_2$

Valentinit (Weißspießglanz, Antimonblüte) Sb_2O_3	weiß, grau hellgelb hellbraun	Diamantgl. Perlmgl. auf Spaltfl.	2½ 5,6–5,8	rh.	schuppig nadlig Kr. flächenr.	D_{2h}^{10} rh.-bipyr.
Steinsalz (Halit) NaCl 39,3% Na	blau, weiß grau, rot gelb, violett	Glasgl. fettig	2½ 2,1–2,2	kub.	Würfel	O_h^5 kub.-hex. okt.

Spaltbarkeit Bruch	Aggregate Form	Struktur	Ähnliche Minerale	*Verwendung* Vorkommen und Begleiter
gut (010)	warzig traubig nierig angeflogen pulvrig	fasrig strahlig erdig		Ausblühungen auf Nickelin, Chloanthit, Smaltin, Erythrin, Annabergit, Proustit
gut (001) gut (010)				Guano, Moorerde; in Düngergruben
gut (0001)	plattig derb	schuppig feinfasrig gel. asbest-ähnlich	Talk *104* Gips *108* Alunit *126*	1. Gänge in Serpentin 2. In kontaktmetamorphem Marmor: Chlorit, Periklas
	derb knollig	dicht erdig		Verwitterungsprodukt des Serpentin neben Chalcedon, Opal, Chlorit, Magnesit
muschlig s. spröd! rissig	derb Platten Körner traubig	dicht	Chrysotil *110*	In Serpentin, Kalk, Dolomit
(110)	Platten	parallelfasrig (Asbest) haarig wirrfasrig (Bergleder) dicht (edler Serpentin?)	Tremolitasbest *148* Antigorit *122*	Klüfte und Äderchen in Serpentin, Peridotit, Diabas, Dolomit, oft an metasomatischen Lgst. von Löllingit, Magnetit, Blende, Arsenkies
gut (010) gut (110)	derb	kurzstrahlig körnig	Cerussit *118*	Verwitterungsprodukt Sb-haltiger Erze. Antimonit, Berthierit, Kermesit, Antimonocker, Senarmontit, auch Galenit, Blende
gut (100)	derb	körnig fasrig	Sylvin *112*	1. Selbständige Lager 2. Eingewachsen in Ton, Sandstein, Gips, Anhydrit, Dolomit, Sylvin, Polyhalit, Carnallit, Kainit, Ozokerit, Petroleum 3. Ausblühungen in Steppen und Wüsten 4. An Vulkanen

Name und chemische Formel	Farbe	Glanz Durch-sichtigkeit	Härte Dichte	Kristalle System	Habitus	Raumgruppe Klasse
Sylvin KCl 63% K_2O, 52,4% K	weiß grau	Glasgl. fettig	2½ 1,9–2	kub.	hexaedr. kubooktaedr.	O_h^5 kub.-hex. okt.
Kainit $KMg[Cl \mid SO_4] \cdot 3\,H_2O$ oder $KCl \cdot MgSO_4 \cdot 3\,H_2O$	weiß gelblich grau, rot violett	Glasgl. dsch.	2½–3 2,1	mkl.	taflig Kr. selt.	C_{2h} mkl.-prism.
Thenardit Na_2SO_4	weiß lichtbraun	Glasgl. fettig	2½ 2,65	rh.	spitzpyramid. kurzprismat. taflig	D_{2h}^{24} rh.-bipyr.
Kernit $Na_2B_4O_7 \cdot 4\,H_2O$ 51% B_2O_3	weiß	Glasgl. matt dsicht.	2½ 1,95	mkl.	säulig riesige Kr.	C_{2h}^4 mkl.-prism.
Zinkblüte (Hydrozinkit) $Zn_5[(OH)_3 \mid CO_3]_2$ oder $2\,ZnCO_3 \cdot 3\,Zn(OH)_2$	schneeweiß blaßgelb	matt	2–2½ 3,2–3,8	mkl.?	ehem. gel. kryptokrist.	
Leadhillit $Pb_4[(OH)_2 \mid SO_4(CO_3)]_2$ 82% PbO	weiß grünlich gelblich bräunlich	Diamantgl. Perlmgl. Fettgl. dsicht., dsch.	2½ 6,45–6,55	mkl. ps.-hex.	taflig n. (001) kurzsäulig oft flächenr.	mkl.-prism.
Vivianit $Fe_3[PO_4]_2 \cdot 8\,H_2O$	blau, grün weiß	Perlmgl. matt			S. *98*	
Paragonit $NaAl_2[Si_3AlO_{10}](OH)_2$	gelblichweiß apfelgrün	Perlmgl.	2½ 2,8–2,9	mkl.	kleine Kr.	C_{2h} mkl.-prism.
Zinnwaldit (Lithionglimmer, Lithionit) $K(Al, Fe, Li)_{2\text{-}3}$ $[(Si, Al)_4O_{10}](OH, F)_2$ 1,6% Li	silbergrau hellviolett hellbraun selten: schwarz dunkelgrün	Perlmgl.	2½ 2,9–3,1	mkl. ps.-hex.	taflig	C_{2h}^6 mkl.-prism.
Lepidolith **(Lithionglimmer)** $K(Al, Li)_{2\text{-}3}$ $[(Si, Al)_4O_{10}](OH, F)_2$ 2,6–3,7% Li, 1,19–3,46% Rb 0,075–0,68 % Cs	violett blaßrot rötlichgrau	Perlmgl.	2½ 2,8	mkl.	taflig schuppig Kr. selt.	C_{2h}^6 mkl.-prism.

Spaltbarkeit Bruch	Aggregate Form	Aggregate Struktur	Ähnliche Minerale	*Verwendung* Vorkommen und Begleiter
gut (100)	selten stenglig	körnig	Steinsalz *110*	*Bestes Kalidüngesalz!* 1. Sedimentäre Lgst. 2. Auf Klüften in Halit und Anhydrit 3. An Vulkanen Carnallit, Kainit, Kieserit, Halit (Abraumsalze)
gut (100) gut (110)	derb	feinkörnig (nicht zerfließlich!)	Bischofit *106* Carnallit *116* (chem.: kein Schwefel!)	*Wichtiges Kalisalz!* Carnallit, Sylvin, Halit, Anhydrit (Abraumsalze)
gut (001)			Mirabilit *106* Glauberit *116*	In Salzseen u. vulkanischen Exhalationen Glauberit, Ulexit, Steinsalz, Natronsalpeter
		asbestfasrig grobspätig	Sassolin *104* Borax *106*	*Wichtiges Bormineral!* Kontaktmetamorphe Boraxlgst.
	Krusten derb nierig	schalig dicht, erdig pisolithisch	Smithsonit *128*	Auf Zinkerzlgst. als Verwitterungsprodukt mit Calamin, Smithsonit, Blende, Calcit
gut (001)	derb schalig	blättrig		Oxydationszone von Bleilgst.: Cerussit, Galenit
(001)	nur derb	feinschuppig (sericitähnl.)	Muscovit *114*	In Glimmerschiefern: Kyanit, Staurolith, Strahlstein
gut (001)	derb, fächer- oder faßförmig	blättrig	Lepidolith *112*	1. Auf Zinnerzlgst.: Kassiterit, Wolframit, Scheelit, Fluorit, Quarz, Topas (Pyknit) 2. In Graniten u. Gneisen der Zinnsteinpneumatolyse
gut (001)	auch derb blättrig	schuppig	Zinnwaldit *112*	In gangförmigen turmalinführenden Graniten und Pegmatiten Topas, Beryll, Amblygonit, Spodumen

Name und chemische Formel	Farbe	Glanz Durchsichtigkeit	Härte Dichte	Kristalle System	Habitus	Raumgruppe Klasse
Biotit („Magnesiaglimmer", besser Eisenglimmer) $K(Mg, Fe^{II})_3$ $[Si_3(Al, Fe^{III})O_{10}](OH)_2$ oder $K_2O \cdot 6\,(Mg, Fe)O \cdot Al_2O_3 \cdot 6\,SiO_2 \cdot 2\,H_2O$	schwarz dunkelbraun dunkelgrün	Perlmgl., oft Metgl. dsch. dsicht.	2½ 2,8–3,2	mkl. ps.-hex.	taflig säulig rhomboedr.	C_{2h}^6 mkl.-prism.
Muscovit (fälschlich Kaliglimmer genannt) $KAl_2[Si_3AlO_{10}](OH, F)_2$ oder $K_2O \cdot 3\,Al_2O_3 \cdot 6\,SiO_2 \cdot 2\,H_2O$	grau weiß hellgelb hellbraun	Perlmgl. dsicht. dsch.	2–2½ 2,78–2,88	mkl. ps.-hex. ps.-rh.(!)	kurzsäulig taflig, selten spitzpyramid. rhomboedr.	C_{2h}^6 mkl.-prism.
Phlogopit (Magnesiaglimmer) $KMg_3[Si_3AlO_{10}](OH, F)_2$	rotbraun rot, gelb selten farblos	Perlmgl.	2½ 2,8–3	mkl. ps.-hex.	taflig kurzprismat.	C_{2h}^6 mkl.-prism.
Chlorit (Mischkristalle aus Pennin, Klinochlor, Prochlorit, Amesit) $Mg_2Al[Si_3AlO_{10}](OH)_2 \cdot Mg_3(OH)_2$ bis $MgAl_2[Si_2Al_2O_{10}](OH)_2 \cdot Mg_3(OH)_2$ oder z. B. $5\,(Fe, Mg)O \cdot Al_2O_3 \cdot 3\,SiO_2 \cdot 4\,H_2O$	schwärzlichgrün bläulichgrün	Perlmgl. Fettgl.	1–2½ 2,6–2,9	mkl. ps.-hex.	taflig pyramid. rhomboedr.	C_{2h}^6 mkl.-prism.
Kämmererit $Mg_5Cr''' \cdot [(OH)_8 \| Cr'''Si_3O_{10}]$ oder $Mg_2Cr'''[Si_3Cr'''O_{10}](OH, F)_2 \cdot Mg(OH)_2$ „Pennin" mit 5% Cr_2O_3	blaurot pfirsichblütrot	Perlmgl.	2½ 2,7	mkl.	sechsseitige Täfelchen	C_{2h}^6 mkl.-prism.
Mellit (Honigstein) $Al_2[C_{12}O_{12}] \cdot 18\,H_2O$	gelb braun weiß	fettig. Glasgl.	2–2½ 1,6	tetr.	pyramid. Kr. einzeln ein- u. aufgewachsen	D_4^3 tetr.-trapez.
Whewellit $CaC_2O_4 \cdot H_2O$	farblosglasig	Perlmgl.	2½ 2,23	mkl.	säulig (flächenreich!) Zw. herzförm.	C_{2h} mkl.-prism.

Spaltbarkeit Bruch	Aggregate Form	Aggregate Struktur	Ähnliche Minerale	*Verwendung* Vorkommen und Begleiter
s. gut (001)	auch derb blättrig	schuppig	gel. Muscovit *114* Phlogopit *114*	1. Als Gemengteil in fast allen Eruptivgesteinen, z. B. Granit, Syenit, sowie in Gneisen, Glimmerschiefern u. a. 2. Einsprenglinge in Basalt und seinen Tuffen; Trachyt, Nephelindolerit 3. Vulkanische Auswürflinge; gute Kr.
s. gut (001)	auch derb blättrig Rosetten kuglig	schuppig dicht: (Sericit)	Phlogopit *114* Biotit *114* Paragonit *112* Talk *104*	1. Als Gemengteil in vielen Gesteinen, bes. Glimmerschiefer, Gneis, Phyllit, Sericitschiefer, Granitpegmatiten; *nicht* in vulkanischen Gesteinen. Adular, Albit, Quarz, *nicht* mit Augit 2. In Sediment-Gesteinen 3. Auf Zinnerzgängen (var.: Gilbertit)
gut (001)	auch derb	schuppig	Muscovit *114* Biotit *114*	1. Kontaktmetamorph in körnigem Kalk und Dolomit 2. In Serpentin 3. Auf Apatitgängen Apatit, Diopsid, Pargasit
gut (001)	derb plattig nierig pulvrig wurmförmig	blättrig schuppig kurzfasrig erdig dicht (serpentinartig: Pennin)	Thuringit *90* Glaukonit *90* Vermiculit	1. Auf Klüften (Klinochlor-Pennin) in Chloritschiefer: Granat, (Hessonit), Diopsid, Zirkon. (Prochlorit) neben Einsprenglingen von Magnesit, Dolomit, Talk, Magnetit, Pyrit 2. Auf alpin. Klüften von Gneis, Granit u. a.: Adular, Periklin, Albit, Bergkristall, Titanit, (Sphen), Rutil, Eisenglanz 3. Klüfte in Serpentin (Prochlorit)
gut (001)	derb	blättrig schuppig dicht: Rhodochrom		In serpentinisierten Olivingesteinen Chromit, Uwarowit
gut (010) muschlig	derb	körnig		Braunkohle, Steinkohle, Kreidesandstein
(001) muschlig				Auf Klüften u. Geoden im Steinkohlengebirge

Name und chemische Formel	Farbe	Glanz Durch-sichtigkeit	Härte Dichte	Kristalle System	Habitus	Raumgruppe Klasse

Härte 3

2. Weiche

Name und chemische Formel	Farbe	Glanz Durchsichtigkeit	Härte Dichte	System	Habitus	Raumgruppe Klasse
Carnallit $KCl \cdot MgCl_2 \cdot 6\,H_2O$ (enthält Brom) 14,1% K = 16,9% K_2O, 0,0002% Cs, 0,015–0,037% Rb	rot (durch Schuppen von Eisenglanz) weiß gelb	Glasgl.	2–3 1,6	rh. ps.-hex.	pyramid. Kr. selt.	D_{2h}^{6} rh.-bipyr.
Glauberit $CaNa_2[SO_4]_2$ oder $Na_2SO_4 \cdot CaSO_4$	weiß, grau blaßgelb ziegelrot	Glasgl. fettig dsicht., dsch.	2½–3 2,7–2,8	mkl.	taflig säulig	C_{2h} mkl.-prism.
Polyhalit $K_2Ca_2Mg[SO_4]_4 \cdot 2\,H_2O$ oder $2\,CaSO_4 \cdot MgSO_4$ $\cdot K_2SO_4 \cdot 2\,H_2O$	ziegelrot auch grau gelblich	fettig seidig	3–3½ 2,77	trkl. ps.-rh.	prismat. n. [001] Kr. selt.	C_i? trkl.-pin.
Kieserit $Mg[SO_4] \cdot H_2O$ 17,6% Mg	weiß grau blaßgelb	Glasgl.	3½ 2,6	mkl.	pyramidal Kr. s. selt.	C_{2h}^{6} mkl.-prism.
Anhydrit $Ca[SO_4]$ 29,4% Ca	grau, weiß blaßblau kobaltblau violett blaßrot	Glasgl. fettig auf (001) Perlmgl. dsicht.	3 2,9–3	rh.	taflig würflig kurzsäulig dicknadlig Kr. selt.	D_{2h}^{17} rh.-bipyr.
Cölestin $Sr[SO_4]$ 47,7% Sr	weiß, blau gelblich selten: rötlichbraun	Glasgl. auf (001) Perlmgl.	3 3,95	rh.	säulig, nadlig taflig, selten: pyramidal ähnl. Baryt!	D_{2h}^{16} rh.-bipyr.
Schwerspat (Baryt) $Ba[SO_4]$ (meist Sr-haltig) 58% Ba	weiß grau rot, gelb braun blaßbraun	Glasgl. auf (001) Perlmgl.	3 4,3–4,7	rh.	Kr. oft schön u. flächenreich taflig, säulig nadlig pyramid.	D_{2h}^{16} rh.-bipyr.

Spaltbarkeit Bruch	Aggregate Form	Aggregate Struktur	Ähnliche Minerale	*Verwendung* Vorkommen und Begleiter
muschlig	derb	großkörnig zerfließlich!	Bischofit *106* Tachyhydrit *106* Kainit *112* (chem.: Schwefel!)	*Wichtigstes primäres Kalisalz u. Magnesiumrohstoff!* 1. Lager, auf Steinsalz folgend 2. Auf Klüften u. Schnüren in Steinsalz u. Anhydrit mit Sylvin, Kainit, Kieserit, Halit, auch Boracit, (Staßfurtit) (Abraumsalze)
gut (001) muschlig	nierig	dünnschalig	Mirabilit *106* Thenardit *112*	In Kalisalzen: Halit, Ton, Natronsalpeter
gut (100)	meist derb	stenglig fasrig		In Kalisalzlagern (Polyhalitregion): Halit, Ton, Anhydrit, Gips
gut		körnig	Epsomit *108*	*Magnesiumrohstoff!* Lager in Steinsalz (Kieseritregion): Carnallit, Kainit, Sylvin, Anhydrit, Halit
gut (001) (010) (100)	derb traubig	körnig stenglig dicht	Kryolith *120* Gips *108* Baryt *116* Calcit *118*	1. Häufig auf Salzlgst.: Ton, Kalkstein, neben Gips, Steinsalz, Dolomit, Boracit, Kieserit, Kainit, Polyhalit 2. Selten auf hydrothermalen Erzlgst., z. B. Goldquarzgängen 3. Exhalationsprodukt auf Lava
gut (001) (110)	Platten knollig derb	stenglig fasrig feinkörnig dicht	Schwerspat *116*	*Wichtiger Rohstoff für Strontium!* 1. Auf Klüften in Kalkstein, Mergel, Gips mit Kalkspat, Aragonit, Schwefel; „Bank" im Muschelkalk 2. Auf Blei- u. Kupfererzgängen nicht: Fluorit 3. Drusen in Vulkaniten
gut (001) (110); deutlich (010)	nierig knollig plattig derb	schalig fasrig strahlig körnig dicht (schwärzlich) erdig	Cölestin *116* Aragonit *122* Calcit *118* Feldspäte *150* Amblygonit *136* Anhydrit *116*	*Sehr verbreitet!* 1. Auf Erzgängen u. Erz- (Eisen- u. Mangan-) Lagern: a) Fluorit, Braunspat, *Galenit*, Blende, Argentit, Pyrargyrit, Proustit; b) Nickelin, *Chloanthit*, Smaltin, Chalkopyrit, Tetraedrit; c) Cinnabarit, *Antimonit*, Auripigment; d) Pyrolusit, Psilomelan, Braunit, Hausmannit, Hämatit, Limonit, Siderit 2. Sedimentär: Knollen in Mergel, Ton (mikrokristalline „Ausblühungen"), Sandstein

Name und chemische Formel	Farbe	Glanz Durchsichtigkeit	Härte Dichte	Kristalle System	Habitus	Raumgruppe Klasse
Calcit (Kalkspat) $CaCO_3$ 40% Ca 56% CaO 44% CO_2	in allen Farben; am häufigsten: weiß	Glasgl. matt	3 2,6–2,8 (niedriger als Bromoform!)	trig. *formenreichstes Mineral!*	säulig nadlig taflig rhomboedr. skalenoedr.	D_{3d}^6 ditrig.-skal.
Cerussit (Weißbleierz) $PbCO_3$ 77,5% Pb	weiß grau schwarz braun gelb	Diamantgl. fettig dsicht. dsch.	3–3½ 6,4–6,6	rh. ps.-hex.	säulig n. [100] pyramid. taflig n. (010) nadlig; charakter. sternförm. Drill. n. (110)	D_{2h}^{16} rh.-bipyr.
Phosgenit $Pb_2[Cl_2 \| CO_3]$ oder $PbCO_3 \cdot PbCl_2$	weiß grau gelb	Diamantgl. fettig dsicht., dsch.	2½–3 6–6,3	tetr.	kurzsäulig pyramid.; oft flächenr.	D_4^2 tetr.-trapez.
Anglesit $PbSO_4$ 68,3% Pb	weiß selten farbig schwärzlich	Diamantgl. fettig dsicht. dsch.	3 6,3	rh.	säulig, nadlig pyramid. taflig n. (001) Kr. oft schön u. flächenr.	D_{2h}^{16} rh.-bipyr.
Stolzit $Pb[WO_4]$	grau, braun gelb, selten: grün, rot	fettig dsch.	3 7,9–8,2	tetr.	spitzpyram. kurzsäulig würflig Kr. klein	C_{4h}^6 tetr.-bipyr.
Wulfenit (Gelbbleierz) $Pb[MoO_4]$ 26% Mo	gelb graugelb selten: rotorange	Diamantgl. dsicht. dsch.	3 6,7–6,9	tetr.	taflig würflig pyramid.	C_4 tetr.-pyram.
Powellit $Ca[MoO_4]$ 48% Mo	grünlichgelb blaugrün grau	Fettgl. Diamantgl. dsch. (weißl.)	3½–4 4,25–4,5	tetr.	pyramid.	C_{4h}^6 tetr.-bipyr.
Vanadinit $Pb_5[Cl(VO_4)_3]$ 10,8% V	gelb braun rot	fettig Diamantgl. (gelblichweiß)	3 6,8–7,2	hex.	kurzsäulig spitzpyram. Kr. klein	C_{6h}^2 hex.-bipyr.

Spaltbarkeit Bruch	Aggregate Form	Aggregate Struktur	Ähnliche Minerale	*Verwendung* Vorkommen und Begleiter
gut (10$\bar{1}$1)	derb nierig zapfig Platten	körnig (Marmor) oolithisch (Rogenstein) dicht stenglig fasrig erdig (Kreide)	Aragonit *122* Dolomit *124* Amblygonit *136* Chabasit *130* Quarz, Baryt, Fluorit, Gips, Anhydrit (leicht durch Härte, Spaltbk. u. Brausen in Salzsäure zu unterscheiden)	*Sehr verbreitet und in großen Mengen*: 1) in Drusen in Diabas, Basalt, Melaphyr, 2) auf Klüften in alpinmetamorphen Gest., 3) Erzgängen mit Co-, Ni-, Ag-, Pb-, Fe-, Mn-Erzen, 4) wichtige Sedimentgesteine in allen geolog. Formationen (Marmor, Kalksteine), 5) Sinterbildungen aus Thermen
schlecht (110) (021) muschlig	derb nierig	dicht erdig stenglig	Scheelit *128* Cölestin *116* Baryt *116* Anglesit *118*	*z. T. wichtiges Bleierz!* 1. In der Verwitterungszone von Bleiglanzlgst.: Galenit, Pyromorphit, Anglesit, Malachit, Limonit, Calamin, Chlorargyrit, Calcit, Quarz 2. Bindemittel in Sandstein u. a. (Bleierde)
(110) (001) muschlig				1. Oxydationszone von Bleierzgängen: Galenit, Cerussit 2. Eingewachsen in Ton
(110) (001) muschlig	derb Krusten um Bleiglanz		Cerussit *118* Baryt *116* Scheelit *128*	*z. T. wichtiges Bleierz!* Oxydationszone auf Bleiglanzlgst.: Galenit, Cerussit, Limonit
	meist garbenförmig oder kuglig		Scheelit *128*	1. In Zinnerzlgst. auf Lithionglimmer u. Rauchquarz; Kassiterit, Wolframit 2. Psilomelan, Limonit, Quarz 3. In goldführenden Quarzgängen
(111)	derb Krusten	körnig		*z. T. wichtiges Molybdänerz!* In der Oxydationszone von Bleiglanzlgst.: Calcit, Dolomit, Siderit, Calamin, Hydrozinkit, Smithsonit, Blende, Galenit
keine	derb	schuppig stenglig	Scheelit *128* Cölestin *116*	*z. T. wichtiges Molybdänerz!* Oxydationszone von Molybdänerzgängen: Molybdänglanz, ged. Kupfer, Epidot, Quarz; pegmatitisch: Scheelit
	kleinnierig traubig	dünnstenglig fasrig	Pyromorphit *120* Mimetesit *120* Descloizit *84*	*z. T. wichtiges Vanadiumerz!* Oxydationszone von Bleierzlgst.: Wulfenit, Calamin, Galenit, Pyromorphit

Name und chemische Formel	Farbe	Glanz Durchsichtigkeit	Härte Dichte	Kristalle System	Habitus	Raumgruppe Klasse
Pyromorphit (Grünbleierz) $Pb_5[Cl\|(PO_4)_3]$ 76,4% Pb	grün braun, gelb gelbrot weißgrau	fettig Diamantgl. dsch.	3½–4 6,7–7	hex.	säulig faßförmig nadlig	C_{6h}^2 hex.-bipyr.
Mimetesit $Pb_5[Cl\|(AsO_4)_3]$	gelb, orange-gelb: (Kampylit), braun, grünlich weiß, grau	Diamantgl. fettig dsch.	3½ ~7,1	hex.	säulig faßförmig spitzpyram. nadlig dicktaflig	C_{6h}^2 hex.-bipyr.
Descloizit $Pb(Zn, Cu)[(OH)\|VO_4]$ 9,8–13,7% V	rot, braun bräunlich-grün, bräunlichschwarz	Glasgl. Diamantgl.	3½ 5,9–6,2		S. *84*	
Adamin $Zn_2[OH\|AsO_4]$ (Co-, Cu-haltig)	gelb, weiß grün, rot	Glasgl. dsicht.	3½ 4,3–4,5	rh.	säulig, nadlig pyramid. Kr. s. klein	D_{2h}^{12} rh.-bipyr.
Pandermit (Priceit) $Ca_5B_{12}O_{23} \cdot 9\,H_2O$ 49% B_2O_3	schneeweiß	matt	3–3½ 2,45	trkl.	keine Kr.	
Kryolith Na_3AlF_6 12,8% Al, 54% F	weiß selten rötlich bräunlich schwarz	Perlmgl. fettig	3 2,95	kub./570° mkl.	würflig kurzsäulig kurznadlig Kr. selt.	C_{2h}^5 mkl.-prism.
Wavellit $Al_3[(OH)_3\|(PO_4)_2] \cdot 5\,H_2O$	weiß grau gelbl., grünl. blau	Glasgl. seidig dsch.	3½–4 2,3–2,4	rh.	nadlig Kr. klein, selt.	D_{2h}? rh.-bipyr.
Laumontit („Faserzeolith") $Ca[Si_4Al_2O_{12}] \cdot 4\,H_2O$	weiß blaßgelb blaßrot	Glasgl. seidig auf (110) Perlmgl. matt	3–3½ 2,25–2,35	mkl.	langprismat. gestreift nadlig	C_{2h}? mkl.-prism.
Hydrargillit (Gibbsit) $Al(OH)_3$-γ 65,4% Al_2O_3, 34,7% Al	weiß in verschiedenen Tönen	Glasgl. Perlmgl.	2½–3 2,3–2,4	mkl. ps.-hex.	taflig Zwill. Kr. klein	C_{2h}^5 mkl.-prism.

Spaltbarkeit Bruch	Aggregate Form	Aggregate Struktur	Ähnliche Minerale	*Verwendung* Vorkommen und Begleiter
	nierig traubig derb	dicht kurzstrahlig	Mimetesit *120* (ist seltener!)	*z. T. wichtiges Bleierz!* In den oberen Teufen von Bleiglanzlgst.: Galenit, Cerussit, Baryt, Quarz, Limonit
gut $(10\bar{1}1)$	traubig nierig erdig	muschlig uneben	Pyromorphit *120*	1. Bleiglanzlgst. mit Arsenerzen 2. Metamorphe Manganerzlgst.: Limonit, Psilomelan, Wad, Quarz
s. gut (011)	derb Krusten	strahlig körnig	Olivenit *84*	Oxydationszone von Zn-Erzen: Smithsonit, Azurit, ged. Silber, Embolit, Limonit, Calcit
gut (001) schlecht (110), (010)	nur derb; plattig in Knollen	dicht feinkörnig	Ulexit *104* Colemanit *122* Datolith *136*	*z. T. wichtiger Rohstoff für Borsäure!* Sedimentäre Lgst. in Ton und Gips als Bänder, Knollen, Linsen (Konkretionen)
Spaltb. n. 3 aufeinander fast senkr. Richt. gut (001) gut (110)	derb	körnig schalig	Anhydrit *116* Baryt *116*	*Wichtiger Rohstoff bei Aluminium-Gewinnung u. a.!* In Pegmatiten: Quarz, goldbrauner Siderit, Galenit, Pyrit, Chalkopyrit, Blende, Arsenopyrit, Flußspat, Zinnstein, Columbit
gut (010)	nierig kuglig	radial- strahlig	Natrolith *134* Hydrargillit *120* Kraurit *94* Prehnit *156*	Hydrothermal auf Klüften und Schichtfugen, bes. in Kieselschiefer, Schiefer, Sandstein, Quarzit, Phosphorit, mit Hämatit, Limonit, Pyrolusit
gut (110)	derb	stenglig erdig	Feldspat *150* wird in der Sammlung bröcklig!	1. Auf Hohlräumen und Klüften von Basalt, Melaphyr, Porphyr, Syenit, Diabas, Gabbro, Gneis; Gänge in Tonschiefer: Desmin, Apophyllit, Heulandit, Calcit, Chlorit 2. Selten auf Erzlgst.
gut (001)	zapfig warzige Krusten (wie Chalcedon)	feinstrahlig körnig schuppig	Wavellit *120* Chalcedon *158* Brucit *110* Kaolinit *104*	*Wichtiger Aluminiumrohstoff, bes. im Bauxit!* 1. In Bauxiten, Talkschiefern u. Serpentin 2. Mit Natrolith 3. Verwitterungsprodukt von Korund Magnetit, Limonit, Hämatit, Korund, Talk

Name und chemische Formel	Farbe	Glanz Durch-sichtigkeit	Härte Dichte	Kristalle System	Habitus	Raumgruppe Klasse
Allophanit $x \cdot Al_2O_3 \cdot y \cdot SiO_2 \cdot z \cdot 2\,H_2O$ (u. U. Cu-haltig)	farblos weiß, blau blaugrün gelb	Glasgl.	3 1,9	amorph		
Antigorit (Blätterserpentin) $Mg_6[(OH)_8 \mid Si_4O_{10}]$ oder $3\,MgO \cdot 2\,SiO_2 \cdot 2\,H_2O$ (chloritähnl.)	dunkelgrün grünlichweiß gelbgrün	seidig dsch.	3–4 2,5–2,6	mkl. ps.-kub.		C_{2h}^6 mkl.-prism.?
Chrysokoll (Kieselkupfererz) $CuSiO_3 + 2\,H_2O$	hellgrün blaugrün	matt fettig	3½ 2–2,3		S. *94, 100*	

Härte 4

3. Halbharte

Fluorit (Flußspat) CaF_2 48,7% F	in allen Farben, am häufigsten: gelb, grün weiß, violett	Glasgl.	4 3,1–3,2	kub.	hexaedr. oktaedr.	O_h^5 kub.-hex. okt.
Colemanit $Ca_2B_6O_{11} \cdot 5\,H_2O$ 49,7% B_2O_3	weiß gelblichweiß grau	Glasgl. Diamantgl. Perlmgl.	4½ 2,4	mkl.	dicktaflig kurzsäulig langsäulig spitzrhboedr.	C_{2h}? mkl.-prism.
Aragonit $CaCO_3$ (strontiumhaltig)	weiß grau blaßgelb auch rötlich grün, blau violett schwarz	Glasgl. seidig dsicht. dsch.	2½–4 2,95 (höher als Bromoform!)	rh. ps.-hex.	nadlig langsäulig kurzsäulig dicktaflig meißelförmig Zwill. Drill. Vierl.	D_{2h}^{16} rh.-bipyr.
Strontianit $SrCO_3$ 59,3% Sr	weiß grau blaßgelb blaßgrün	Glasgl. fettig dsicht. dsch.	3½–4 2,7	rh. ps.-hex.	nadlig spießig spitz pyram.	D_{2h}^{16} rh.-bipyr.

Spaltbarkeit Bruch	Aggregate Form	Aggregate Struktur	Ähnliche Minerale	*Verwendung* Vorkommen und Begleiter
muschlig	derb, nierig traubig Krusten stalakt.	dicht (opalartig)		1. Auf Alaunschiefer, Braunkohle, Brauneisenerz, Klüften und Gängen 2. Auf Kupfererzlgst. 3. In Tonen u. ä.
(001)	Adern (Platten)	dicht (edler Serpentin) blättrig schuppig	Chrysotil *110* (dicht): Talk *104*	Mineral des Serpentin; auf Klüften in Dolomit-Magnesitgest. Chrysotil, Chalcedon, Opal, Talk, Siderit
s. gut (111)	derb	körnig stenglig dicht erdig	Baryt *116* Apatit *132* Orthoklas *150*	*Wichtiger Rohstoff für chemische, Glas- u. Hüttenindustrie! Weltweit verbreitet!* 1. Hydrothermal auf Blei- u. Silbererzgängen: Baryt, Siderit, Quarz, Galenit, Blende, Chalkopyrit, ged. Silber, Argentit, Pyrargyrit, Proustit, Nickelin 2. Pegmatitisch - pneumatolytisch auf Zinnerzgängen: Apatit, Topas, Turmalin, Kassiterit, Wolframit, Molybdänit, Arsenopyrit, Lithionglimmer, Scheelit, Quarz 3. Kontaktmetasomatisch im Kalk 4. In selbständigen Gängen im Gneis, Granit, Quarzporphyr usw. 5. Bindemittel im Sandstein
s. gut (010) gut (001)	derb	dicht blättrig	Datolith *136* Ulexit *104* Pandermit *120*	*Wichtiger Rohstoff für Borsäure!* Sedimentäre Lgst.: Ulexit, Halit, Gips, Quarz
gut (010)	ästig: („Eisenblüte“) Sinterkrusten: (Sprudelstein) Sphärolithe (Erbsenstein)	fasrig strahlig schalig dicht rundkörnig	Calcit *118* Strontianit *122* Cölestin *116* Baryt *116* Natrolith *134* Topas *164*	1. Auf Klüften u. Drusen in Basalt u. Basalttuff neben Zeolithen 2. Auf Lgst. von Siderit (Eisenblüte), Limonit, Chalkopyrit 3. Auf Klüften von Kalk und Dolomit 4. Einsprenglinge in Gips und Ton 5. Als Absatz namentlich von warmen Quellen (Kalksinter, Sprudelstein, Erbsenstein)
gut (110)	derb	fasrig strahlig	Aragonit *122* Calcit *118* Cölestin *116* Natrolith *134* Baryt *116*	*Wichtiger Rohstoff für Strontium!* 1. In selbständigen Gängen in (Kreide)-Mergel mit Calcit 2. Auf Erzgängen, bes. Silber-, Blei-, Kupfererzgängen, hier oft auf Schwerspat

Name und chemische Formel	Farbe	Glanz Durchsichtigkeit	Härte Dichte	Kristalle System	Habitus	Raumgruppe Klasse
Witherit $BaCO_3$ 69,5% Ba	weiß grau blaßgelb	Glasgl. matt dsch. s. selt. dsicht.	3½–4 ~4,28	rh. ps.-hex.	stets sechsseitig pyramidal taflig, säulig	D_{2h}^{16} rh.-bipyr.
Alstonit $(Ca, Ba)CO_3$	weiß graugelb	Glasgl. fettig	4 3,7	rh. ps.-hex.	spitzpyram. kompliz. Zwillinge	D_{2h}^{16} rh.-bipyr.
Barytocalcit $CaBa[CO_3]_2$	weiß gelblich graulich	Glasgl. dsch.	4 3,66	mkl.	prismat. n. (110) Kr. klein	C_{2h}^{2} mkl.-prism.
Eisenspat **Siderit (Spateisenstein)** $FeCO_3$ (Mn-halt.) (mit Ankerit) 48% Fe	gelb gelblichgrau bräunlichgelb schwarz	auf $(10\bar{1}1)$ Perlmgl. bunt, braun, angel.	4–3½ 3,7–3,9	trig.	stumpf-rhomboedr. linsig sattelförmig krummfläch. skalenoedr. spitzrhboedr.	D_{3d}^{6} ditrig.-skal.
Dolomit **(Braunspat)** $CaCO_3 \cdot MgCO_3$ 13,15% Mg Übergänge zu Ankerit	weiß, grau auch: gelb, braun schwarz rot, grün	Glasgl. auf $(10\bar{1}1)$ Perlmgl.	3½–4 2,85–2,95	trig.	stumpf-rhomboedr. spitzrhboedr. Kr. oft gekrümmt oder sattelförmig	C_{3i}^{2} trig.-rhboedr.
var.: **Ankerit** **(Braunspat)** $CaFe[CO_3]_2$ oder $CaCO_3 \cdot FeCO_3$ (Mg-Mn-halt.)	grau weiß gelblich bräunlich	Glasgl. Perlmgl.	4–3½ 2,9–3,1	trig.	stumpf-rhomboedr. Krfl. oft gekrümmt	C_{3i}^{2} trig.-rhboedr.
var.: Pistomesit $MgFe[CO_3]_2$ oder $MgCO_3 \cdot FeCO_3$	gelblichweiß gelblichbraun	Glasgl. auf $(10\bar{1}1)$ Perlmgl.	4–5 3,5	trig.	stumpf-rhomboedr.	D_{3d}^{6} ditrig.-skal.
var.: Mesitinspat $2\,MgCO_3 \cdot FeCO_3$	erbsengelb graugelb					
Bismutit **(Wismutocker)** $Bi_2[O_2\|CO_3]$	grau, weiß gelblich grünlich	matt fettig	4 6,9–7,3	tetr.		D_{4h}^{17} ditetr.-bipyr.

Spaltbarkeit Bruch	Aggregate Form	Struktur	Ähnliche Minerale	Verwendung Vorkommen und Begleiter
gut (010)	derb traubig kuglig	strahlig blättrig körnig	Cerussit *118* Quarz *158* (Härte!)	1. Auf Bleierzgängen: Galenit, Alstonit, Barytocalcit, Baryt 2. Kontaktmetasomatisch *Giftig!*
gut (010), (110)	derb	fasrig körnig		Auf Bleierzgängen: Witherit, Barytocalcit, Galenit
s. gut (110)	derb	körnig stenglig		1. Auf Bleierzgängen: Alstonit, Witherit, Galenit 2. In Kalken mit Baryt, Fluorit: *selten!*
s. gut $(10\bar{1}1)$	derb nierig Konkretionen (Toneisenst.) kuglig (Sphärosiderit)	körnig schalig dicht strahlig selt. fasrig	Calcit *118* Dolomit *124* Magnesit *128* Zinkspat *128* Zinkblende *70* Ankerit *124*	1. Pegmatitisch-pneumatolytische Gänge mit Kryolith, Zinnstein 2. Hydrothermale Gänge und Lager in Kalk, Dolomit mit Galenit, Blende, Chalkopyrit, Tetraedrit, Baryt, Fluorit, Ankerit, Calcit, Quarz 3. Sedimentäre Lager, Knollen u. Oolithe
s. gut $(10\bar{1}1)$	derb	körnig dicht porös	Calcit *118* Magnesit *128* Chabasit *130*	*Für Zemente. „Futter" in Schmelzöfen!* 1. Sehr verbreitetes Sedimentgestein (zuckerkörnig), kontaktmetamorph mit Tremolit, Wollastonit, Bornit, Pyrit, Realgar 2. Verbreitet auf Erzgängen, bes. mit Galenit, Blende, Pyrit, Calcit, Baryt 3. Einsprenglinge in Chloritschiefer, Talkschiefer; Gips, Anhydrit
s. gut $(10\bar{1}1)$	derb	körnig	Siderit *124* Breunnerit *128*	Auf Eisenspatlgst. und Bleiglanzgängen: Siderit, Galenit, Blende, Quarz
gut $(10\bar{1}1)$	derb	großkörnig grobkörnig		Pyrit, Specularit
	traubig	krummschalig meist erdig		Überzüge auf ged. Wismut oder Wismutglanz, Pucherit, Eulytin, Hornstein, Wolframit

Name und chemische Formel	Farbe	Glanz Durch-sichtigkeit	Härte Dichte	Kristalle System	Habitus	Raumgruppe Klasse
Alunit (Alaunstein) $KAl_3[(OH)_6 \mid (SO_4)_2]$ od. $K_2SO_4 \cdot 3\,Al_2O_2SO_4 \cdot$ $6\,H_2O$ 35% Al_2O_3	weiß gelblich rötlich	Glasgl. auf (0001) Perlmgl.	3½–4 2,7–2,8	trig. ps.-kub.	taflig oktaeder-ähnlich hexaeder-ähnlich Kr. s. klein	D_{3d}^5 ditrig.-skal.
Triphylin $FeLi[PO_4]$ Lithiophilit $MnLi[PO_4]$	grünlichgrau bläulichgrau gefleckt braun-lachsfarbig	fettig i. Splitt. dsicht.	4–5 3,4–3,6	rh.	kurzsäulig Kr. s. selt.	D_{2h}^{16} rh.-bipyr.
Strengit $Fe^{III}[PO_4] \cdot 2\,H_2O$	rot, pfirsich-blütrot fast farblos	Glasgl. dsicht. dsch.	3–4 2,87	rh. ps.-hex.	taflig kurzsäulig isomorph m. Skorodit	D_{2h}^{15} rh.-bipyr.
Skorodit $Fe^{III}[AsO_4] \cdot 2\,H_2O$	lauchgrün bläulichgrün	Glasgl. matt (Strich: grünl.-weiß) braun dsch.	3½–4 3,1–3,3	rh. ps.-hex.	pyramid. kurzsäulig kurznadlig Kr. klein	D_{2h}^{15} rh.-bipyr.
Zinkblende (Sphalerit Blende) ZnS	gelb, rot grün grau } sehr weiß } selten	Diamantgl.	4 4		S. *70*, *86*	
Desmin (Stilbit „Bündelzeolith") $(Na_2, Ca)\,[Si_6Al_2O_{16}]$ $\cdot\,6\,H_2O$ bzw. $Ca[Al_2Si_7O_{18}] \cdot 7\,H_2O$ od. $CaO \cdot Al_2O_3 \cdot 7\,SiO_2 \cdot 7\,H_2O$	farblos weiß, grau blaßgelb ziegelrot bräunlich	Glasgl. seidig Perlmgl. auf (010) dsicht. dsch.	3½–4 2,1–2,2	mkl. ps.-rh.	breitsäulig nadlig garbenförmig	C_{2h}^3 mkl.-prism.
Heulandit (Stilbit „Blätterzeolith") (Ca, Na_2) $[Si_6Al_2O_{16}] \cdot 5\,H_2O$ bzw. $Ca[Al_2Si_6O_{16}] \cdot 5H_2O$ oder $CaO \cdot Al_2O_3 \cdot 6SiO_2 \cdot 5H_2O$ (Strontium-halt.)	farblos weiß ziegelrot blaßrot blaßgelb braun	st. Perlmgl. auf (010); Glasgl. dsicht. dsch.	3½–4 2,2	mkl.	taflig blättrig schuppig kurzsäulig	C_{2h}^3 mkl.-prism.

Spaltbarkeit Bruch	Aggregate Form	Struktur	Ähnliche Minerale	*Verwendung* Vorkommen und Begleiter
gut (0001)	derb knollig	feinkörnig, dicht (muschlig, splittrig) erdig, fasrig	Aluminit *104*	*z.T. Aluminiumrohstoff! Alaungewinnung!* 1. Als selbständiges Gestein (Alaunfels) 2. In zersetztem Trachyt und Andesit, als Drusenfüllung mit sulfidischen Erzen, z. B. in Silber-Zinnerzgängen: Opal (Hyalit), Diaspor 3. Knollen in Sanden der Braunkohlenformation
(001) (010)	meist derb	großkörnig	beide mikrosk. unterscheidb.	In Pegmatiten: mit Beryll, Spodumen, Zinnstein
(001)	kuglig radialfasrig			*Verwitterungszone:* 1. Spateisensteingänge 2. Pegmatite 3. Goldquarzgänge 4. Sandstein
(120)	kleinnierig kuglig	stenglig-fasrig feinkörnig dicht erdig		Verwitterungsprodukt von Eisen-Arsenmineralen mit Pharmakosiderit, Arsenopyrit, Pyrit, in Höhlungen von Limonit
(010) spröd	derb	strahlig strahlig-blättrig	Prehnit *156*	*Häufig!* 1. In Blasenräumen von Basalt u. a.: Heulandit, Chabasit, Laumontit, Thomsonit, Calcit 2. Auf Klüften krist. Schiefer: Bergkristall, Rauchquarz, Orthoklas (Adular), Chlorit, Epidot, Fluorit 3. Auf Blei- und Silbererzgängen, Pyrit- und Magnetitlagern 4. In Granitdrusen
s. gut (010)	derb	dünnschalig schuppig spätig	Feldspate *150* Desmin *126*	1. Auf Drusen in vulkanischen Gest., bes. Basalt u. Porphyrit; Desmin, Chabasit, Pektolith, Calcit, Quarz 2. Auf Klüften krist. Schiefer und in Granit 3. Auf Blei-Zink-Silbererzgängen

Name und chemische Formel	Farbe	Glanz Durchsichtigkeit	Härte Dichte	Kristalle System	Habitus	Raumgruppe Klasse

Härte $4^1/_2$

Name und chemische Formel	Farbe	Glanz Durchsichtigkeit	Härte Dichte	System	Habitus	Raumgruppe Klasse
Smithsonit (Zinkspat, Galmei) $ZnCO_3$ (Ca-, Fe-, Cd-halt.) (0,02–0,8%, gel. bis 3% Cd) 52,1% Zn	gelb grau weiß braun rot grünlich bläulich	st. Glasgl. fettig dsch.	4½–5 4,3–4,5	trig.	stumpf- u. spitzrhboedr. skalenoedr. Kr. klein, gerund.	D_{3d}^6 ditrig.-skal.
Magnesit $MgCO_3$ (Breunnerit: Fe-halt.) 29% Mg	weiß blaßgelb grau schwarz bräunlich	Glasgl. matt	4½–$3^1/_2$ 3,0–3,1	hex.	stumpf-rhomboedr.	D_{3d}^6 ditrig.-skal.
Rhodochrosit (Manganspat, Himbeerspat) $MnCO_3$ (Fe-, Ca-, Mg-, Zn-, Co-halt.) 47,8% Mn	rosarot himbeerrot grau braun	Glasgl. dsch.	4½ 3,3–3,6	trig.	stumpf- u. spitzrhboedr. spitzskalen. Kr. klein	D_{3d}^6 ditrig.-skal.
Scheelit (Tungstein) $Ca[WO_4]$ 63,8% W (z. T. erhebl. Mo-Gehalt)	gelb grau braun selten weiß	fettig Diamantgl. dsch.	4½ 5,9–6,1	tetr.	pyramid. selt.: taflig, linsig, meist Einzelkr.	C_{4h}^6 tetr.-bipyr.
Triplit (Eisenpecherz) $(Fe^{II}, Mn^{II})_2[F\|PO_4]$	schwarz braun schwärzlich-braun	fettig (gelbl., grau, braun) dsch., unds.	4½–5 3,5–3,9		S. *86*	

Spaltbarkeit Bruch	Aggregate		Ähnliche Minerale	*Verwendung* Vorkommen und Begleiter
	Form	Struktur		
s. gut $(10\bar{1}1)$	nierig zellig zapfenförmig gebänderte Krusten	körnig strahlig dicht erdig	Calcit *118* Phosphorit *132* Dolomit *124* Calamin *136*	*Wichtiges Zn-Erz!* In selbständigen Lgst. in Kalkstein u. Dolomit: Blende, Calamin, Galenit, Malachit, Azurit, Hydrozinkit, Aurichalcit, Cerussit, Limonit, Calcit
s. gut $(10\bar{1}1)$	derb nierig knollig	körnig dicht	Calcit *118* Dolomit *124* Ankerit *124* Siderit *124*	*Magnesiumrohstoff! Für Steinholz, für Zemente, „Futter" für Schmelzöfen!* 1. In selbständigen Lgst. oft mit Opal; Verdrängung von Dolomit 2. Einsprenglinge oder Adern in Chloritschiefer, Talkschiefer, Serpentin; in Gips
s. gut $(10\bar{1}1)$ gekrümmt	kuglig nierig Krusten	körnig dicht		*Wichtiges Mn-Erz!* 1. Charakteristisch auf Silber-, Zink-, Goldgängen: Galenit, Blende, silberreiches Fahlerz, Pyrit, auch Alabandin, ged. Gold 2. Auf Eisenerzlgst.: Limonit, Hämatit 3. Auf selbständigen Lgst. in Tonschiefer, Kalkstein, Kieselschiefer mit Rhodonit und Quarz
(111) (101) muschlig	derb	dicht körnig	Anglesit *118* Cerussit *118* Baryt *116* Stolzit *118*	*Wichtiges Wolframerz!* 1. Pegmatitisch-pneumatolytisch auf Quarzgängen mit Wolframit, Kassiterit, Gold, Wismutglanz, Fluorit, Lithionglimmer 2. Kontaktpneumatolytische Erzlager am Granit gegen Kalk: Magnetit, Magnetkies, Blende, Pyrit, Chalkopyrit, Molybdänglanz, Baryt, Pyroxen, Amphibol, Granat, Wollastonit, Calcit, Fluorit, Quarz, ohne Turmalin 3. Auf Bleiglanzgängen: Galenit, Blende, Siderit, Wolframit 4. Selten auf alpinen Klüften

Name und chemische Formel	Farbe	Glanz Durch-sichtigkeit	Härte Dichte	Kristalle System	Habitus	Raumgruppe Klasse
Hamlinit (Bowmanit) $SrHPO_4 \cdot AlPO_4 \cdot$ $2\,Al(OH)_3$	honiggelb	Glasgl. Fettgl.	4½ 3,2	trig. ps.-kub.	rhomboedr. kleine Kr.	D_{3d}? ditrig.-skal.
Wollastonit $CaSiO_3$ bzw. $Ca_3[Si_3O_9]$	weiß grau gelblich rötlich	Glasgl. auf (001) Perlmgl. seidig	4½–5 2,8–2,9	trikl./mkl.	taflig n. (100) od. (001) nadlig n. [010] Kr. selt.	C_{2h}^5 mkl.-prism.
Margarit (Kalkglimmer, Perlglimmer) $CaAl_2[(OH)_2 \mid Si_2Al_2O_{10}]$	weiß grau rötlichweiß	st. Perlmgl. dsch.	4½ 3,0	mkl. ps.-hex.	dünntaflig Kr. s. selt.	C_{2h}^6 mkl.-prism.
Chabasit („Würfelzeolith") $(Ca(Na_2))[Si_4Al_2O_{12}]$ $\cdot\,6\,H_2O$	weiß rötlich bräunlich	Glasgl. dsicht. dsch.	4½ 2,1	trig.- rhboedr. ps.-kub.	Rhomboed. (würfelähnl.) stumpf- pyramid. (linsenförmig)	D_{3d}^5 ditrig.-skal.

Härte 5

Opal SiO_2 (mit Wasser)	weiß gelb rot, braun grau	fettig schöne grüne u. rote Innenreflexe	5(–6) 1,9–2,5	amorph		
Herderit $CaBe[F \mid PO_4]$	farblos schwach- gelblich	Glasgl.	5 2,8–3	mkl.	stets Kr. gestreckt	C_{2h}^5 mkl.-prism.
Ludwigit $Fe^{III}(Mg,Fe^{II})_2[O_2 \mid BO_3]$	schwarzgrün	Glasgl. seidig (grünlich)	5 4,0	rh.	*keine Kr. (?)*	
Wagnerit $Mg_2[F \mid PO_4]$	gelb weiß	fettig dsicht. dsch.	5–5½ 3–3,15	mkl.	säulig flächenreich Vertikal- streifung	C_{2h}^5 mkl.-prism.

Spaltbarkeit Bruch	Aggregate Form	Struktur	Ähnliche Minerale	*Verwendung* Vorkommen und Begleiter
s. gut (0001)				1. In Dolomit alpinmetamorph 2. Mit Bertrandit in Quarzgängen 3. In Diamant führenden Sanden
(100), (011) ($\bar{1}$01) ($\bar{1}$02)	derb ästig	stenglig strahlig blättrig	Pektolith *134* Tremolit *148* Skolezit *134*	1. In kontaktmetamorphem Kalk und Dolomit Granat, Vesuvian, Diopsid, Epidot, Graphit; Bornit, Chalkopyrit 2. Auswürflinge in Ergußgesteinen
s. gut (001)	derb	schuppig körnig-schuppig		In Chlorit-Schiefer, Smaragd- u. Schmirgellgst.: Chlorit, Korund, Smirgel, Diaspor, Magnetit, Rutil, Smaragd
gut (10$\bar{1}$1) charakterist. Zwill.!	in Drusen		Calcit *118* Dolomit *124*	1. Drusen in Basalt, Phonolith, Porphyrit; Phillipsit, Harmotom, Desmin, Heulandit, Analcim, Calcit 2. In Granit; Orthoklas, Albit, Rauchquarz, Epidot, Fluorit
muschlig	plattig nierig knollig			*z. T. Schmuckstein!* 1. Auf Klüften vieler Gesteine, z. B. Basalt, Trachyt, Porphyr, Melaphyr, Serpentin 2. Knollen im Klebschiefer (Menilit) 3. Auf Bleiglanzgängen 4. Mit (in) Limonit 5. Als Absatz heißer Quellen 6. Als Versteinerungsmasse (Holzopal)
klein-muschlig			Apatit *132*	1. Auf Granitgängen 2. Apatitähnlich auf Zinnsteingängen
	derb	feinfasrig strahlig		Kontaktmetasomatisch in Dolomit und Kalk auf Magnetitlgst.
muschlig	derb			Hydrothermal mit Quarz Lazulith, Magnesit, Siderit, Baryt, Apatit

Name und chemische Formel	Farbe	Glanz Durchsichtigkeit	Härte Dichte	Kristalle System	Habitus	Raumgruppe Klasse
Apatit **(Phosphorit u. a.)** $Ca_5[(Cl,F,OH)\|(PO_4)_3]$ bis 42% P_2O_5 oder 3 $Ca_3(PO_4)_2\cdot$ Ca (F, Cl, OH, $CO_3)_2$	weiß grün blaugrün violett ziegelrot	Glasgl. fettig dsicht. trüb	5 3,2	hex.	taflig säulig nadlig	C_{6h}^2 hex.-bipyr.
Variscit $Al[PO_4]\cdot 2H_2O$	grün bläulichgrün farblos	fettig dsch.	5 2,52	rh.	kurznadlig Kr. klein, selt.	?
Monazit $CePO_4$ 17,1–30,3% Ce, 2,02–24,1% Th	braun rot gelb	Fettgl. (gelblichweiß)	5–5½ 4,8–5,5	mkl.	dicktaflig kurznadlig: Turnerit; sehr verschieden je nach Paragenese	C_{2h}^5 mkl.-prism.
Cerit $(Ca, Fe)_2Ce_6Si_6O_{23}\cdot 3H_2O$ bzw. $Ce_3H(Ca,Fe)[(OH)_2\|(SiO_4)_3]$ b. 60% Ce	rötlichgrau bräunlichgrau	fettig	5 4,9–5	rh.	kurznadlig Kr. klein, selt.	D_{2h}? rh.-bipyr.
Eudialyt (ähnlich Eukolit) $(Na, Ca, Fe)_6Zr[(OH, Cl)\|(Si_3O_9)]_2$ (Ce-, Mn-halt.)	pfirsichblütrot bräunlichrot	Glasgl. dsch.	5–5½ 2,8–3	trig.	dicktaflig rhomboedr.	D_{3d}^5 ditrig.-skal.

Spaltbarkeit Bruch	Aggregate Form	Struktur	Ähnliche Minerale	Verwendung Vorkommen und Begleiter
(0001) (10$\bar{1}$0)	derb nierig traubig: Staffelit knollig kuglig oolithisch	fasrig strahlig dicht erdig körnig	Beryll *164* Quarz *158* Nephelin *144* Cordierit *162* Orthoklas *150* Galmei *128*	*Wichtiger Rohstoff für Düngemittel!* 1. Magmatisch, in vulkanischen Auswürflingen, als Lager in Nephelinsyeniten 2. Besonders pegmatitisch-pneumatolytisch a) in Drusen in Granit mit Feldspat u. a.; b) auf Zinnerz- u. Magnetitlgst.: Kassiterit, Wolframit, Arsenopyrit, Fluorit, Topas, Magnetit, Skapolith, Hornblende u. a. 3. Auf Klüften krist. Schiefer: Adular, Bergkristall, Epidot, Axinit, Sphen, Rutil, Specularit, Magnetit 4. Einsprenglinge in Chloritschiefer, Talkschiefer, körnigem Kalk. 5. In selbständigen sedimentären Lgst. als „Phosphorit"; Versteinerungsmittel
muschlig	Krusten	dicht kurzfasrig		Auf Kieselschiefer, Quarzit
s. gut (001), (100) muschlig	einzeln ein- oder aufgewachsen		Orthit *144* Thorit *74*	*Wichtiger Rohstoff für „Seltene Erden" u. Thorium!* 1. In Pegmatiten z. T. sehr große Kr. Einsprenglinge in Gneis, Granit, Syenit: Zirkon, Orthit, Sillimanit 2. Auf alpinen Klüften (var.: Turnerit): Adular, Albit, Bergkristall, Anatas, Ilmenit 3. Lose in Sanden mit Granat, Zirkon, Xenotim, Ilmenit, Magnetit, Thorit, in Gold- u. Diamantseifen
splittrig	derb	feinkörnig (splittrig)	Piemontit *80* Hübnerit *60*	*Wichtiger Rohstoff für „Seltene Erden"!* Aktinolith, Orthit, Chalkopyrit, Bismutin, Molybdänit
gut (0001)	derb	körnig		*z. T. wichtiger Rohstoff für Zirkon u. a.!* Einsprenglinge in Eläolith-Syenit. Zirkon, Sodalith, Molybdänit

Name und chemische Formel	Farbe	Glanz Durch-sichtigkeit	Härte Dichte	Kristalle		
				System	Habitus	Raumgruppe Klasse
Pektolith $NaCa_2[Si_3O_8OH]$	weiß grau	Glasgl. Perlmgl. seidig	5 2,8–2,9	trkl.	langsäulig nadlig Kr. s. selt.	
Karpholith $Mn^{II}Al_2[(OH)_4 \mid Si_2O_6]$	strohgelb grün weiß	seidig	5 2,94	mkl. (?)	nadelförmig haarförmig Kr. s. selt.	
Faujasit („Würfelzeolith“) $(Na_2, Ca)[Si_5Al_2O_{14}]$ $\cdot 10\,H_2O$	weiß grau hellbraun	Glasgl. Diamantgl.	5–5½ 1,92	kub.	scharfe Oktaeder Kr. klein	
Apophyllit (Phyllosilikat nicht Zeolith!) $KCa_4[F \mid Si_4O_{10})_2]$ $\cdot 8\,H_2O$	weiß gelblich rötlich braun grünlich	Glasgl. s. charakte- ristisch. Perlmgl. auf (001) ds., dsch.	4½–5 2,3–2,4	tetr.	taflig säulig pyramidal würflig charakt. Kombinat.	D_{4h}^6 ditetr.-bipyr.
Natrolith (Natronmesotyp) („Faserzeolith“) $Na_2[Si_3Al_2O_{10}] \cdot 2\,H_2O$	weiß gelbl., rötl. ockergelb ziegelrot	Glasgl. auf (110) Perlmgl. seidig	5–5½ 2,2–2,4	rh. ps.-tetr.	nadlig langsäulig haarförmig	C_{2v}^{19} rh.-bipyr.
Skolezit (Kalkmesotyp) („Faserzeolith“) $Ca[Si_3Al_2O_{10}] \cdot 3\,H_2O$	weiß	Glasgl. seidig	5 2,3	mkl. ps.-tetr. ps.-rh.	nadlig haarförmig	C_s^4 mkl.-domat.
Phillipsit („Würfelzeolith“) $(K_2, Ca)[Si_4Al_2O_{12}]$ $\cdot 5\,H_2O$ bzw. $(Ca, K_2)_{2\text{-}3}[Al_5(Al, Si)$ $Si_9O_{30}] \cdot 10\,H_2O$	farblos weiß gelblichweiß	Glasgl. dsch.	4½–5 2,2	mkl. ps.-tetr. ps.-rh. ps.-kub.	kurznadlig Kr. klein, meist. manig- faltige Zwill.	C_{2h}^2, C_2^2 mkl.-prism.
Harmotom („Würfelzeolith“) $(K_2, Ba)[Si_5Al_2O_{14}]$ $\cdot 5\,H_2O$ bzw. $(Ba, K_2)_2$ $[Al_4Si_{11}O_{30}] \cdot 10\,H_2O$	weiß rötlich gelblich bräunlich	Glasgl. dsch.-milchig	5 2,5	mkl. ps.-tetr. ps.-rh.	breitsäulig dicktaflig Durchkreu- zungs-Zwill.	C_2^2 mkl.-sphen.
Brewsterit („Blätterzeolith“) $(Sr, Ba, Ca)[Si_7Al_2O_{18}]$ $\cdot 6\,H_2O$	weiß grau gelblich	Glasgl. auf (010) Perlmgl.	5 2,45	mkl.	kurznadlig	C_{2h}? mkl.-prism.

Spaltbarkeit Bruch	Aggregate Form	Struktur	Ähnliche Minerale	*Verwendung* Vorkommen und Begleiter
s. gut n. einer Richtg.	derb nierförmig	strahlig	Tremolit *148* Wollastonit *130*	In Eruptivgesteinen: Laumontit, Natrolith, Heulandit, Calcit
	derb	strahlig		Quarz, Fluorit, Zinnstein
gut (111)			Würfelzeolithe	In basaltischen Gesteinen: Phillipsit
s. gut (001) (blättrig) (100) uneben	derb	schalig blättrig körnig		1. Drusen in Basalt u. Phonolith, in Granit und Diabas: Analcim, Laumontit, Natrolith, Skolezit, Calcit 2. Auf Silber- und Bleierzgängen 3. Magnetitlgst.
s. gut (110)	Platten nierig derb	strahlig feinfasrig mehlig	Aragonit *122* Skolezit *134* Thomsonit *140* Wavellit *120*	In Hohlräumen von Basalt, Phonolith: Chabasit, Apophyllit, Calcit, „Brevicit" in Augitsyenit
s. gut (110)	derb	strahlig fasrig	Tremolit *148*	1. In Hohlräumen u. Klüften von jungvulk. Gesteinen: Desmin, Heulandit, Calcit 2. Drusen in Granit und Syenit 3. Alpine Klüfte
gut (001) gut (010)			Harmotom *134*	In Hohlräumen von vulkanischen Gesteinen, bes. in Basalt: Analcim, Chabasit
gut (010)			Phillipsit *134*	1. Auf Erzgängen: Baryt, Calcit, Galenit, Quarz, Magnetkies 2. Seltener auf Hohlräumen in Basalt u. Melaphyr-Mandelstein: Chabasit
s. gut (010)				Auf Bleierzgängen mit Calcit, Galenit In „Mandeln" von Eruptivgesteinen

Name und chemische Formel	Farbe	Glanz Durch- sichtigkeit	Härte Dichte	Kristalle System	Habitus	Raumgruppe Klasse
Datolith (var.: Botryolith) $Ca[OH \mid BSiO_4]$	farblos weiß grünlich gelblich	Glasgl. fettig dsicht. dsch.	5–5½ 2,9–3,0	mkl. ps.-tetr.	kurzsäulig dicktaflig Kr. flächenr.	C_{2h}^5 mkl.-prism.
Hemimorphit (Kieselzinkerz, Calamin) $Zn_4[(OH)_2 \mid Si_2O_7] \cdot H_2O$ 54,3% Zn	farblos weiß gelblich bläulich grünlich	st. Glasgl. seidig dsicht. dsch.	5 3,3–3,5	rh.	taflig n. (010) nadlig haarig Kr. meist klein	C_{2v}^{20} rh.-pyr.
Eulytin (Kieselwismuterz) $Bi_4[SiO_4]_3$	braun gelb grau weiß schwarz	Diamantgl. dsch. (gelblich-grau)	5 6,1	kub.	tetraedr. trigon.-dodekaedr. (oft gerundet) Kr. meist klein, stets aufgewachs.	T_d^6 kub.-hex. tetr.
Anatas TiO_2	rot schwarz gelb blau	Diamantgl. halbmet. dsch.	5½–6 3,9	tetr.	spitzpyramid. stumpf-pyramid. dicktaflig säulig	D_{4h}^{19} ditetr.-bipyr.
Brookit TiO_2	rotbraun gelbbraun schwarz: (Arkansit)	Diamantgl. halbmet. dsicht. dsch.	5½–6 3,9–4,2	rh. ps.-hex.	dünntaflig prismat. pyramidal: (Arkansit)	D_{2h}^{15} rh.-bipyr.
Perowskit $CaTiO_3$ (Ce-, Nb-halt.)	schwarz braun rot, gelb	halbmet. fettig Diamantgl.	5½ 4	mkl. ps.-kub.	hexaedr. oktaedr.	O_h^1 kub.-hex. okt.
Beryllonit $NaBe[PO_4]$	weiß gelblich	Glasgl. Perlmgl. auf (001) (gelblich bis braun)	5½–6 2,85	mkl. ps.-hex.	kurzprism. taflig flächenr.	C_{2h}^5 mkl.-prism.
Amblygonit $AlLi[(F, OH) \mid PO_4]$ 3,3–4,7% Li	weiß grau grünlich	Glasgl. Perlmgl. auf (001) dsch.	5½–6 3–3,1	trkl.	Kr. selt.	C_i? trikl.-pin.

Spaltbarkeit Bruch	Aggregate Form	Struktur	Ähnliche Minerale	*Verwendung* Vorkommen und Begleiter
klein- muschlig	derb kleinnierig: Botryolith	körnig feinfasrig	Zeolithe Danburit *162* Colemanit *122* Pandermit *120* Ulexit *104*	1. In Drusen von Melaphyr, Basalt 2. Auf Klüften von Diabas 3. Auf granitischen Gängen 4. Auf Magnetitlgst., seltener an Erzgängen: Prehnit, Chabasit, Epidot, Calcit, Magnetit, Quarz, Amethyst, ged. Kupfer
s. gut (110) gut (101) muschlig	kuglig nierig zapfig	schalig dünnstenglig fasrig erdig	Topas *164* Prehnit *156* Opal *130* Smithsonit *128*	*Wichtiges Zinkerz!* Metasomatisch in Kalk und Dolomit mit Smithsonit, Blende, Galenit, Wulfenit, Limonit, Calcit
	kleinkuglig	strahlig	Zinkblende *70*	Wismutocker, Wismut, Chloanthit, Quarz
gut (111) (001)	nur in Kr.			1. Auf alpinen Klüften mit Bergkristall u. Adular; Rutil, Brookit, Titaneisenerz, Sphen, Albit, Adular, Bergkristall, Chlorit, Epidot, Fluorit 2. In Sanden mit Gold 3. (mikrosk.) in Tonen
schlecht	nur Kr.			Auf Klüften in krist. Schiefern u. anderen Silikatgesteinen Rutil, Anatas, Titaneisenerz, Sphen, Albit, Adular, Bergkristall
gut (100)	nierig derb	körnig	s. S. *68*	1. Einsprenglinge in Chloritschiefer, Talkschiefer, in körnigem Kalk, am Kontakt gegen basische Gest. 2. In Alkalibasalten
s. gut (001) gut (100), (010)				In Pegmatiten
(001) (100)	derb (Spaltstücke feldspatähnlich: Perlmgl.!)	großkörnig dicht	Feldspate *150* Calcit *118* Baryt *116* Petalit *154* Spodumen *154*	*Wichtiger Lithiumrohstoff!* 1. Pegmat.-pneumat. Gänge in Granit: Apatit, Spodumen 2. Auf Zinnsteingängen Lithionglimmer, Gilbertit, Turmalin, Topas, Albit, Wavellit

Name und chemische Formel	Farbe	Glanz Durchsichtigkeit	Härte Dichte	Kristalle System	Habitus	Raumgruppe Klasse
Lazulith (Mollit) $(Mg, Fe)Al_2[OH \mid PO_4]_2$	himmelblau	Glasgl.	5½ 3,1	mkl. ps.-rh.	spitzpyramid. taflig	C_{2h}? mkl.-prism.
Türkis (Kallait) $CuAl_6[(OH)_2 \mid PO_4]_4 \cdot 4\,H_2O$	himmelblau apfelgrün	Fettgl. unds.	5–6 2,6–2,8	trkl.	Kr. winzig u. selt. kryptokrist.	trkl.-pin.
Kyanit (Disthen) $Al_2[O \mid SiO_4]$ oder $Al_2O_3 \cdot SiO_2$	meist blau auch: blaß-gelb: Rhätizit rosa, grau schwarz	Glasgl. Perlmgl. a. (100) dsicht. dsch.	längs: 4–4½ quer: 6–7 3,6–3,7	trkl.	säulig plattkörnig	C_i^1 trkl.-pin.
Monticellit $CaMgSiO_4$	farblos gelb, grau hellgrüngrau weiß	Glasgl. Fettgl. dsch., ds.	5–5½ 3,25–3	rh.	prismat. isometr.	D_{2h}^{16} rh.-bipyr.
Gehlenit $Ca_2Al[SiAlO_7]$	weiß grünlich grau braun	fettig	5½ 3,0	tetr.	würflig dicktaflig kurzsäulig Kr. klein	D_{2d}^3 tetr.-skal.
Melilith $Ca_2(Mg, Al)[(Si, Al)_2O_7]$	gelblichweiß gelb, braun grau selt. glasklar	Glasgl. fettig	5–5½ 2,9–3	tetr.	dicktaflig säulig Kr. klein	D_{2d}^3 tetr.-skal.
Pumpellyit $Ca_2(Al, Mg, Fe^{II})[H_2O \mid (SiO_4)_3]$ bzw. $4\,CaO \cdot 3\,(Al, Fe)_2O_3 \cdot 6\,SiO_2 \cdot 2\,H_2O$	blaugrün grün bräunlich	Glasgl.	5½ 3,2	mkl.	prismat. taflig n. (001)	

Spaltbarkeit Bruch	Aggregate Form	Struktur	Ähnliche Minerale	*Verwendung* Vorkommen und Begleiter
uneben splittrig	meist derb	körnig dicht	Lasurit *100*	1. In Zinnstein-Pegmatitgängen: Quarz, Muskowit 2. In Karbonat-Quarzgängen 3. Einsprenglinge in Quarziten Siderit, Eisenglanz, Rutil, Pyrophyllit, Kyanit, Korund
	derb nierig Krusten	dicht muschlig	Lasurit *100*	*Schmuckstein!* Als Ausfüllung von Klüften in Kieselschiefer, Quarzitschiefer, Tonschiefer, Sandstein, Trachyt, Porphyr; oft mit Brauneisen u. Chalcedon
s. gut (100) gut (010), (001)	derb	stenglig fasrig strahlig- blättrig	Sillimanit *154* Dumortierit *162*	*z. T. wichtige selbständige Lgst.; für hochfeuerfeste Stoffe!* Einsprenglinge in Glimmerschiefer, seltener in Gneis, Granulit, Eklogit Staurolith, Andalusit, Paragonit, Almandin; Omphacit, Hessonit, Hornblende, Korund, Rutil, Zoisit, Graphit; nur regionalmetamorph und nicht in Eruptivgest. oder in deren Kontakthöfen
gut (010)	derb	körnig	Olivin *158* Forsterit *160*	1. Kontaktmetamorph in Dolomit, Kalk, Skarnen und entsprechenden Serpentinen 2. Vulkanische Auswürflinge
gut (001)				Einsprenglinge in kontaktmetamorphem Kalk
gut (001)		körnig	Gehlenit *138* Nephelin *144*	1. In Hohlräumen und eingewachsen in basaltischen Laven, Polzenit, Peridodit Perowskit, Nephelin, Olivin, Leucit, Augit 2. Vulkanische Auswürflinge
(001)	Rosetten	fasrig körnig radialstrahlig	Zoisit *156* Epidot *156* (mikrosk.!)	1. Hydrothermal als Mandelfüllung u. Lagen in Effusivgest. (Basalten, Diabasen); in Kupferlgst.: Orthoklas, Delessit, Epidot, Datolith, Prehnit, Calcit, Serizit, Quarz, Laumontit, ged. Kupfer 2. Epizonalmetamorphe Diabase, Hornblendegest., Glaukophangest.

Name und chemische Formel	Farbe	Glanz Durch-sichtigkeit	Härte Dichte	Kristalle System	Habitus	Raumgruppe Klasse
Rhodonit $Mn[SiO_3]$ bzw. $(Mn, Fe, Ca)[SiO_3]$ (Zinkhalt.: Fowlerit) 41,9% Mn	rosenrot himbeerrot rötlichbraun rötlichgrau	Glasgl. Perlmgl. Spaltfl. dsicht. dsch.	5½ 3,5–3,6	trkl.	taflig kurzsäulig spitzrhboedr.	C_1? trkl.-pin.
Tephroit $Mn_2[SiO_4]$ (Mg- u. Fe-halt.; Zn-halt.: Roepperit)	fleischrot bräunlich- grau rötlichgrau	fettig Diamantgl.	5½–6 4	rh.	nadlig Kr. s. selt.	D_{2h}^{16} rh.-bipyr.
Willemit $Zn_2[SiO_4]$ (Manganhaltig var.: Troostit)	weiß, grau gelblich grünlich braun, rot schwarz	Glasgl. fettig	5½ 4–4,2	trig. ps.-hex.	säulig nadlig Kr. klein	C_{3i}^2 trig.-rhboedr.
Thomsonit („Faserzeolith") $NaCa_2[Si_5Al_5O_{20}]$ $\cdot 6\,H_2O$ bzw. $NaCa_2$ $[Al_2(Al, Si)Si_2O_{10}]_2$ $\cdot 5\,H_2O$	weiß rötlichweiß gelblich	Glasgl. Perlmgl.	5–5½ 2,2–2,4	rh.	Prismen dicktaflig würflig kurznadlig Kr. klein, selt.	D_{2h}^7 (C_{2v}^{10}) rh.-bipyr.
Analcim $Na[Si_2AlO_6] \cdot H_2O$	farblos weiß rot, gelb	Glasgl. meist trüb	5½ 2,2–2,3	kub. ps.-kub. (?)	Deltoid- ikositetraedr. Hexaeder	D_{4h}^{10}, O_h^{10} kub.-hex. okt.

Härte 5¹/₂ 4. Harte

Sodalith $Na_6(SiAlO_4)_6 \cdot 2\,NaCl$ oder $Na_8[Cl_2 \mid (SiAlO_4)_6]$	blau grau weiß grün	fettig Glasgl. dsicht. dsch.	5½ 2,3	kub.	Rhomben- dodekaeder	T_d^4 kub.-hex. tetr.
Nosean $Na_6(SiAlO_4)_6 \cdot Na_2SO_4$ oder $Na_8[SO_4 \mid (SiAlO_4)_6]$	grau, braun weiß schwarz grünlich bläulich	Glasgl. Fettgl. dsicht. dsch.	5½ 2,4	kub.	Rhomben- dodekaeder Zwill. säulig Kr. selten, klein	T_d^4 kub.-hex. tetr.

Spaltbarkeit Bruch	Aggregate Form	Struktur	Ähnliche Minerale	*Verwendung* Vorkommen und Begleiter
(110) $(1\bar{1}0)$ (92°!)	derb	spätig körnig dicht	Manganspat *128*	*Geleg. Manganerz! Schmuckstein!* 1. Auf Erzlagerstätten a) Hausmannit, Braunit, Manganit b) Franklinit, Zinkit, Calcit, Pyroxen, Aplomgranat, Willemit 2. Auf selbständigen Gängen 3. Mit Kieselschiefer als Bänke in Wechsellagerung
gut n. 3 senkrecht. Richt.	meist derb	körnig dicht		1. Auf Zink- u. Manganerzlgst.: Franklinit, Zinkit, Calcit, Pyroxen, Granat, Willemit oder 2. Hausmannit, Braunit
gut (0001) $(11\bar{2}0)$ muschlig	derb	körnig	Olivin *158* Epidot *156* Pyroxene *96* Amphibole *148*	*Wichtiges Detektormineral!* Auf Zinkerzlgst.: 1. Smithsonit, Calamin, Limonit 2. Rotzinkerz, Franklinit, Rhodonit, Calcit
gut (010) (100)	derb nierig	strahlig	Natrolith *134*	In Hohlräumen von Basalten, Phonolithen, Melaphyrmandelsteinen: Natrolith, Desmin, Analcim, Calcit
keine Spaltb. uneben	auch derb	körnig dicht erdig	Leucit *144* Granat *160* Sodalith *140*	1. Hydrothermal auf Hohlräumen in Basalt, Teschenit, Analcimdolerit, Melaphyrmandelstein, Diabas (auf Klüften), Diorit Apophyllit, Mesotyp, Phillipsit, Chabasit, Desmin, Thomsonit, Calcit 2. Auf Bleiglanzgängen mit Zeolithen 3. Skarnmineral auf Magnetitlgst.
s. gut (110) muschlig	derb	körnig	Leucit *144* Analcim *140* Haüyn *142* Nosean *140* Lasurit *100* Lazulith *138*	1. Gesteinsbildend u. in hydrothermalen Gängen in Nephelin-Syenit mit Nephelin, Zirkon, Titanit, Ankerit, Baryt; in Trachyten, Phonolithen, Basalten meist nur mikroskopisch 2. In vulkanischen Auswürflingen gute Kr.!
s. gut (110) muschlig	derb	körnig	Sodalith *140* Haüyn *142* Lasurit *100*	1. Fast nur in Ergußgest.: Einsprenglinge in Phonolith, Nephelin- und Leucit-Basalt, Tephrite, Noseanite, Lava 2. Vulkanische Auswürflinge (Sanidinite)

Name und chemische Formel	Farbe	Glanz Durchsichtigkeit	Härte Dichte	Kristalle System	Habitus	Raumgruppe Klasse
Haüyn $Na_6(SiAlO_4)_6 \cdot 2\,CaSO_4$ oder $(Na, Ca)_{4-8}$ $[(SO_4)_{1-2} \mid (SiAlO_4)_6]$	blau	Glasgl. fettig dsicht. dsch.	5½ 2,5	kub.	Rhomben- dodekaeder Oktaeder Kr. selt.	T_d^4 kub.-hex. tetr.
Skapolithe: **Marialith** Ma_{100}–$Ma_{80}Me_{20}$ $Na_8[(Cl_2,SO_4,CO_3,(OH)_2 \mid (Si_3AlO_8)_6]$ bzw. $Na_3[Si_3AlO_8]_3 \cdot NaCl$	farblos weiß gelb rosa: (Edelsteine)	Glasgl. Perlmgl.	5–6½ 2,54–2,77	tetr.	säulig Kr. oft groß	C_{4h}^5 tetr.-bipyr.
Mizzonit $Ma_{50}Me_{50}$–$Ma_{20}Me_{80}$ bis						
Mejonit (Wernerit) $Ma_{20}Me_{80}$–Me_{100} $Ca_8[(Cl_2,SO_4,CO_3,OH)_2 \mid (Si_2Al_2O_8)_6]$ bzw. $Ca_3[Si_2Al_2O_8]_3 \cdot CaCO_3$	farblos trüb blau grüngrau	hoher Glasgl.		tetr.	kurzprismat.	C_{4h}^5 tetr.-bipyr.

Härte 6

Periklas MgO	farblos grün	Glasgl. dsicht.	6 3,7–3,9	kub.	oktaedr. hexaedr. Kr. klein	O_h^5 kub.-hex. okt.
Diaspor AlOOH-α oder $Al_2O_3 \cdot H_2O$ 85% Al_2O_3, 45% Al	weiß gelblich violbraun rot	Glasgl. auf (010) Perlmgl. dsicht. dsch.	6(–7) 3,4	rh.	taflig n. (010) breitsäulig nadlig Kr. meist klein	D_{2h}^{16} rh.-bipyr.
Hyalit (Glasopal) SiO_2 (wasserhalt.)	weiß wasserhell	Glasgl.	6 2,15	amorph		
Titanit (Sphen) $CaTi[O \mid SiO_4]$ oder $CaO \cdot TiO_2 \cdot SiO_2$ 41,5% TiO_2	braun gelb grünlich schwarz weiß blaßrot	Glasgl. Diamantgl. dsicht. unds.	5–5½–6 3,4–3,6	mkl.	säulig dünntaflig keilförm. nadlig	C_{2h}^6 mkl.-prism.

Spaltbarkeit Bruch	Aggregate Form	Aggregate Struktur	Ähnliche Minerale	*Verwendung* Vorkommen und Begleiter
s. gut (110) muschlig	derb	körnig	Sodalith *140* Nosean *140* Lasurit *100*	1. Einsprenglinge in Phonolith, basaltischen Gest., Haüynophyren, deren Laven und Tuffen Nephelin, Leucit, Nosean 2. Vulkanische Auswürflinge
(100) (110) muschlig	Gestein derb Gemengteil	dicht körnig	Vesuvian *156* Apatit *132* Feldspate *150* Quarz *158*	1. In vulkanischen Auswürflingen mit Sanidin, Nephelin, Vesuvian, Augit 2. Skarnmineral auf Erzlgst. von Magnetit
		körnig		*Geleg. Schmucksteine!* 1. Vulkanische Auswürflinge 2. Kalkphyllit und Gneis 3. Kontaktmetamorph (Skapolithfels) in Kalk mit Diopsid, Granat, Titanit
s. gut (100)	derb	körnig		1. Kontaktmetamorphe Kalke und Dolomite 2. Vulkanische Einschlüsse
s. gut (010) (gipsähnlich)	derb	dünnschalig breitstenglig strahlig blättrig		*Wichtiger Aluminiumrohstoff im Bauxit!* 1. In Bauxit u. Einsprenglinge in Steinmark (Dillnit) bzw. Kaolinit 2. Regional- u. kontaktmetamorph mit Chlorit, Margarit, Magnetit, Korund, Smirgel, Kyanit, Calcit, Dolomit, Serpentin
muschlig	traubig nierig zapfig plattig	dicht		1. Auf Klüften u. Hohlräumen von Basalt, Phonolith, Trachyt, Melaphyr, Porphyr, Serpentin 2. Auf Bleiglanzgängen u. a. 3. Absatz heißer Quellen
schlecht (110) (111)	selten derb	körnig schalig	Axinit *162*	1. Einsprenglinge in Syenit, Diorit 2. Auf Klüften oder als Einsprenglinge in kristallinen Schiefern mit Albit, Adular, Bergkristall, Chlorit, Titaneisenerz, Rutil, Hornblende 3. Auf Magnetitlgst. in Kalk 4. Auswürflinge in Phonolith

Name und chemische Formel	Farbe	Glanz Durchsichtigkeit	Härte Dichte	Kristalle System	Habitus	Raumgruppe Klasse
Orthit (Allanit) $(Ca, Ce, La, Na)_2$ $(Al, Fe, Mg)_3$ $\cdot [OH \mid (SiO_4)_3]$ oder $Ca_3(Al, Ce, Fe)_6[SiO_4]_6$ $\cdot Ca(OH)_2$ 1,14–15,4% Ce.	pechschwarz dunkelgrau braunrot braun	Glasgl. Fettgl. unds. halbmet. (grünlich- grau, braun)	5½–6 3–4,2	mkl.	säulig nadlig taflig n. (100)	C_{2h}? mkl.-prism.
Koppit $(Ce, Na, Ca, Nb)_2$ $O_6(F, OH, O)$ 5,88–6,89% Ce, 43–48% Nb	dunkel- braun gelbbraun braunrot (weißl. braun- schwarz)	Diamantgl. dsch.	5½–6½ 4,4–4,5	kub.	Oktaeder Rhomben- dodekaeder Kr. s. klein	O_h^7 kub.-hex. okt.
Milarit $KCa_2[(Be, Al)Si_4O_{10}]_3$	farblos hellgelbgrün	Glasgl. dsicht.	6 2,6	hex. ps.-rh.	pyramid. säulig	D_{6h}^2 dihex.-bipyr.
Helvin $(Mn, Fe, Zn)_8$ $[S_2 \mid (SiBeO_4)_6]$ oder $Be_3(Mn, Fe, Zn)_4$ $(SiO_4)_3 \cdot S$	honiggelb braun	st. fettig	6–6½ 3,1–3,4	kub.	Tetraeder Kr. klein	T_d^4 kub.-hex. tetr.
Cancrinit $Na_6[SiAlO_4]_6 \cdot Na_2CO_3$ $\cdot 2\,CaCO_3$ oder $(Na_2, Ca)_4$ $[CO_3 \mid (SiAlO_4)_6] \cdot (H_2O)_{0\text{-}3}$	farblos rosa gelblich	Glasgl. Perlmgl. a. Spaltfl.	5–6 2,4–2,5	hex.	säulig nadlig langprismat.	C_6^6? D_{6h}^4 dihex.-bipyr.
Leucit $K[Si_2AlO_6]$ oder $K_2O \cdot Al_2O_3 \cdot 4\,SiO_2$ 23,4% Al_2O_3	weiß grau	fettig Glasgl. dsch.	5½–6 2,5	tetr. ps.-kub.	Deltoid- ikositetraeder (211) = Leu- citoeder	C_{4h}^6 tetr.-bipyr.
Nephelin (var.: Eläolith) $Na[SiAlO_4]$ oder $Na_2O \cdot Al_2O_3 \cdot 2\,SiO_2$ 18% Al, 33,5% Al_2O_3	farblos weiß, grau auch gelblich braun, grün rot, bläulich	Glasgl. Fettgl.: (Eläolith)	6 2,6	hex.	kurzsäulig dicktaflig	C_6^6 hex.-pyr.

Orthopyroxene:

Enstatit $Mg_2[Si_2O_6]$ oder $MgO \cdot SiO_2$	hellgrau gelblich grünlich bräunlich	Glasgl.	5½ 3,1	rh.	säulig nadlig	D_{2h}^{15} rh.-bipyr.

Spaltbarkeit Bruch	Aggregate Form	Aggregate Struktur	Ähnliche Minerale	*Verwendung* Vorkommen und Begleiter
(001) (100) muschlig	derb	rundl. Körner stenglig	Gadolinit *162*	*Wichtiger Rohstoff für „Seltene Erden", besonders Cer!* 1. Einsprenglinge in Granit, Pegmatit, Amphibolit, Syenit, Trachyt, Gneis 2. Vulkanische Auswürflinge 3. Kontaktmetamorph in Kalk und Magnetitlgst.
muschlig	eingesprengt			*Wichtiger Rohstoff für Cer, Niob!* Kontaktmetamorph bzw. kontaktpneumatolytisch in Marmor mit Forsterit, Baryt, Biotit, Apatit, Rutil, Magnetit
muschlig				In (alpinmetamorphen) Pegmatiten
schlecht (111) uneben	kuglig Einzelkr.		Vesuvian *156* Hessonit	*Neuer Rohstoff für Beryllium!* 1. Auf kontaktmetasomatischen Kies- u. Blendelagern und -gängen 2. In Syenit-Pegmatiten: Nephelin, Sodalith, Aegirin Granat, Epidot, Bleiglanz, Blende, Calcit, Rodochrosit, Fluorit, Löllingit
$(10\bar{1}0)$ (0001)		körnig Gesteinsgemengteil	Nephelin *144* Chondrodit *156*	1. In Nephelin-Syeniten 2. Vulkanische Auswürflinge Zeolithe, Nephelin, Calcit
muschlig			Analcim *140* Sodalith *140* Granat *160*	*z. T. Aluminium- u. Kalirohstoff!* Einsprenglinge in vulkanischen Gest.: in Lava, Leucitbasalt, Leucitphonolith, Leucittephrit, Leucitsyenit, Leucitophyr. Sanidin, Nephelin, Augit, Melanit
gut $(10\bar{1}0)$ (0001) muschlig	selten derb	dicht	Apatit *132* Quarz *158* Cordierit *162* Cancrinit *144* Skapolithe *142* Feldspate *150*	*z. T. Aluminiumrohstoff!* 1. Wichtiger Gemengteil von Nephelindolerit und Nephelinbasalt, Eläolithsyenit, Phonolith 2. In vulkanischen Auswürflingen
gut (110) (100)	meist derb	körnig	Apatit *132* Phlogopit *114* Hypersthen *146*	1. Einsprenglinge in Gesteinen: Olivinfels u. Serpentin, Norit, Lherzolith, Sagvandit 2. Auf pegmatitischen Apatitgängen mit Phlogopit, Hornblende, Rutil

Name und chemische Formel	Farbe	Glanz Durchsichtigkeit	Härte Dichte	Kristalle System	Habitus	Raumgruppe Klasse
Bronzit $(Mg, Fe)_2[Si_2O_6]$ 5–15% FeO	braun grün bronzebraun	halbmet. Perlmgl. seidig	5–6 3,2–3,5	rh.	taflig säulig Kr. selt.	D_{2h}^{15} rh.-bipyr.
Hypersthen $(Mg, Fe)_2[Si_2O_6]$ 15–30% FeO	schwarz- braun schwarz	Glasgl. halbmet. d. Einlagerun- gen; unds.; auf (100) kupferrot	6 3,4–3,5	rh.	säulig taflig n. (010) n. (100) Kr. s. selt.	D_{2h}^{15} rh.-bipyr.

Klinopyroxene:

Name und chemische Formel	Farbe	Glanz Durchsichtigkeit	Härte Dichte	Kristalle System	Habitus	Raumgruppe Klasse
Diopsid $MgCa[Si_2O_6]$ oder $CaO \cdot MgO \cdot 2\,SiO_2$	hellgrün farblos gelb, braun- schwarz	Glasgl. Fettgl. dsicht. dsch.	5–6(–7) 3,3	mkl.	säulig nadlig spitzpyramid. aufgewachs. Kr. flächenr.	C_{2h}^{6} mkl.-prism.
var.: **Salit** (Malakolith) etwa $(Mg,Fe)Ca[Si_2O_6]$	weißlichgrau grünlichgrau braungrün	Glasgl. Fettgl. trübe	5–6 3,3	mkl.	säulig nadlig dicktaflig Kr. flächen- arm	C_{2h}^{6} mkl.-prism.
Hedenbergit $CaFe''[Si_2O_6]$ oder $CaO \cdot FeO \cdot 2\,SiO_2$	lauchgrün olivengrün schwärzlich- grün	Fettgl.	5–6 3,55	mkl.	nadlig Kr. s. selt.	C_{2h}^{6} mkl.-prism.
Augit (gemeiner, basaltischer) $(Ca,Mg,Fe)[(Si,Al)_2O_6]$ bzw. $Ca_{6,5}Na_{0,5}Fe''Mg_6$ $(Al,Fe''',Ti)_2[Al_2Si_{14}O_{48}]$	schwarz u. bräunlich- schwarz (basaltischer Augit), grün- lichschwarz u. dunkelgrün (gem. Augit)	Glasgl. dsch. meist un- durchs. (graugrün)	6 3,3–3,5	mkl.	kurzsäulig nadlig dicktaflig	C_{2h}^{6} mkl.-prism.
Fassait $Ca_8Mg_{6,5}(Fe''', Ti)_{0,5}$ $Al_1[Al_2Si_{14}O_{48}]$	lauchgrün schwarzgrün	Glasgl.	6 3,2–3,3	mkl.	säulig mit pyramidal. Endigung Kr. flächenr.	C_{2h}^{6} mkl.-prism.

Spaltbarkeit Bruch	Aggregate Form	Aggregate Struktur	Ähnliche Minerale	*Verwendung* Vorkommen und Begleiter
s. gut (100) schlecht (110) Spaltfl. gestreift	derb	großkörnig		1. In Meteoriten 2. Einsprenglinge in Serpentin (Bastit), Norit, Gabbro 3. In den Olivinknollen der Basalte
gut (110) Spaltfl. gestreift	meist derb	körnig blättrig	Diallag *148* Enstatit *144*	1. Als Hauptgemengteil in Norit, Hypersthenit, Gabbro; Andesit, Trachyt neben Labrador, Olivin, Amphibol 2. In Cordieritgneis mit Magnetkies, Titaneisenerz 3. In vulkanischen Auswürflingen
gut (110) (100)	derb	körnig stenglig (schalig)	Klinochlor *90* Granat *160* Augit *146* Diallag *148*	1. Auf Klüften als Einsprengling in Chloritschiefer, Hornblendeschiefer, Serpentin: Hessonitgranat, Chlorit 2. Einsprenglinge in kontaktmetamorphem Kalk mit Magnetit, Apatit, Biotit 3. Auf Magneteisenerz-, Kies-, Blende- u. Bleiglanzlgst. (Skarne) 4. In vulkanischen Auswürflingen
gut (110) (001)	derb	körnig stenglig schalig dicht	Tremolit *148*	1. Auf Magnetit-, Kies- u. Blendelgst., die an Kalke geknüpft sind: Magnetit, Pyrit, Chalkopyrit, Blende, Galenit, Calcit, Chlorit, Granat, Hornblende, Epidot 2. In Diabasen 3. In kristallinen Schiefern
gut (110)	derb	stenglig körnig		In kontaktmetasomatischen Magnetit- u. Manganerzlgst. mit Chalkopyrit, Pyrit, Arsenopyrit, Blende, Kobaltin
gut (110) muschlig	derb	körnig dicht nadlig	Hornblenden *96*	*Weitverbreitet, bes. gesteinsbildend!* 1. Einsprenglinge in Lava u. Tuffen, Basalt, Dolerit, Andesit, im Melaphyr, Diabas. Selten mit Quarz 2. In metasomatischen Skarn-Magnetitlgst. u. kontaktmetamorphem Kalk u. Dolomit 3. In Auswürflingen von Vulkanen
gut (110)			Smaragdit *148* Diopsid *146*	1. Auf Klüften u. in kontaktmetamorphem Kalk mit Granat, Spinell, Vesuvian, Anorthit, Biotit 2. In Kalkauswürflingen von Vulkanen

Name und chemische Formel	Farbe	Glanz Durchsichtigkeit	Härte Dichte	Kristalle System	Habitus	Raumgruppe Klasse
Omphacit vereinfacht: $MgCa[Si_2O_6] \times$ $NaAl[Si_2O_6]$	smaragdgrün lauchgrün	Glasgl.	6 3,1	mkl.	keine Kr.	
Diallag (Augit) vereinfacht: $Ca(Mg, Fe)[Si_2O_6]$ bzw. $Ca_7Fe''_1Mg_{6,5}Fe'''_{0,5}Al_1$ $[Al_{1,5}Si_{14,5}O_{48}]$	grüngrau bräunlich- grün	Perlmgl. auf (100) halbmet.	6 3,3	mkl.	taflig blättrig Kr. s. selt.	C_{2h}^6 mkl.-prism.
Alkaliaugite:						
Jadeit $NaAl[Si_2O_6]$	weiß grünlich smaragdgrün	schöner Glasgl. dsch.	6–6½ 3,2–3,5	mkl.		
Aegirin (var.: **Akmit**) $NaFe^{III}[Si_2O_6]$	grünl.-bräunl. schwarz grüne u. braune Zo- nen: (Akmit)	Glasgl. halbmet. (gelbgrau, dunkelgrün)	6–6½ 3,5	mkl.	kurzsäulig nadlig; mit spitzer Endigung (Akmit)	C_{2h}^6 mkl.-prism.
Amphibole:						
Anthophyllit (Orthoamphibol) $(Mg,Fe)_7[OH \mid Si_4O_{11}]_2$	braun gelblichgrau	Glasgl. Perlmgl. dsch.	5½ 2,9–3,2	rh.	nadlig prismat. Kr. selt.	D_{2h}^{16} rh.-bipyr.
Klinoamphibole (Strahlsteingruppe):						
Tremolit (Asbest) $(OH)_2Mg_5Ca_2[Si_8O_{22}]$ bzw. $Ca_4Mg_{4\text{-}10}Fe_{0\text{-}6}$ $[(OH)_4 \mid Si_{16}O_{44}]$	grau weiß grünlich	Glasgl. seidig	6 2,9	mkl.	säulig nadlig haarig	C_{2h}^3 mkl.-prism.
Aktinolith **(Strahlstein,** Amiant) $(OH)_2(Mg,Fe^{II})_5Ca_2$ $[Si_8O_{22}]$ bzw. $NaCa_3Al$ $(Mg,Fe)_{10}[(OH)_3O \mid$ $AlSi_{15}O_{44}]$	grün grasgrün: (Smaragdit)	Glasgl. seidig	6 3,1	mkl.	säulig nadlig Kr. selt. mit Endflächen	C_{2h}^3 mkl.-prism.
Nephrit („Jade“) $(OH)_2(Mg, Fe^{II})_5$ $Ca_2[Si_8O_{22}]$	grün graugrün	matt dsch.	6 3 enorm zäh	mkl.	kryptokrist.	

Spaltbarkeit Bruch	Aggregate Form	Struktur	Ähnliche Minerale	*Verwendung* Vorkommen und Begleiter
gut	derb	nur körnig	Smaragdit *148* Fassait *146*	Hauptgemengteil des Eklogit, nur in kristallinen Schiefern Granat, Karinthin, Smaragdit, Kyanit, Zoisit
s. gut (010) gut (110) s. gut (100)	derb	körnig schalig	Bronzit *146* Hypersthen *146*	Gesteinsbildend in Gabbro, Serpentin, Pikrit und in anderen Olivingest.
	nur derb	dicht filzig körnig fasrig	Nephrit *148*	In kristallinen Schiefern; Rohstoff für *prähistorische Werkzeuge!*
s. gut (110) (010) (100)		körnig	braune u. grüne Hornblenden	In Alkali-Syeniten u. -Pegmatiten, bes. typisch in deren Ergußgest. neben seltenen Cer-Mineralen, Arfvedsonit, Barkevikit, Leucit, Nephelin, Sodalith
(100) (110)	derb Knollen	stenglig fasrig	Bronzit *146* Hypersthen *146* Gedrit	Durch Granitgänge kontaktmetamorph gebildet in Serpentin; in Hornblendegest.; in Glimmerschiefern, in Mg-reichen Gneisen
s. gut (110)	derb	stenglig strahlig	Wollastonit *130* Zoisit *156* Pektolith *134* Skolezit *134* Diaspor *142*	1. Einsprenglinge in kontakt- u. regionalmetamorphem Kalk und Dolomit 2. Talkschiefer, Klüfte in Serpentin
s. gut (110)	derb	stenglig filzig fasrig grobkörnig	Jadeit *148* Aegirin *148* Turmalin *160* Epidot *156* (Amiant auf Klüften mit Bergkristall, Bergkork)	1. In kontaktmetamorphem Kalk u. kristallinen Schiefern 2. Einsprenglinge und Knollen in Talkschiefer, Chloritschiefer, Serpentin 3. Auf Magnetit-, Kies-, Blende- u. Bleiglanzlgst.
	nur derb	dicht (splittrig)	Jadeit *140*	*Weltweit verbreiteter Werkstoff für Steingeräte der Vorzeit!* 1. Gangförmige, linsige Quetschzonen in serpentinisierten Gabbros 2. In losen Blöcken und Geschieben

Name und chemische Formel	Farbe	Glanz Durchsichtigkeit	Härte Dichte	Kristalle System	Habitus	Raumgruppe Klasse
Alkalihornblenden:						
Arfvedsonit $(OH)_2(Fe, Na, Al)_7$ $[(Si, Al)_8O_{22}]$	blauschwarz grünschwarz	Glasgl. (bläulich-grau)	5½–6 3,4		S. *98, 100*	
Glaukophan $(OH)_2(Na, Al, Fe, Mg)_7$ $[(Si, Al)_8O_{22}]$	blau	Glasgl. dsch. (blaugrau)	6 3–3,1		S. *100*	
Aluminiumhornblenden:						
Gemeine **Hornblende (Amphibol)** $(OH)_2(Mg, Fe, Al)_5Ca_2$ $[(Si, Al)_8O_{22}]$	grauschwarz grünschwarz blaugrün, eisenarm: (Pargasit)	Glasgl. matt (graugrün, graubraun)	5–6 2,9–3,4		S. *74, 96*	
Feldspate:						
Orthoklas (Kali-Feldspat, Adular, Sanidin) $K[Si_3AlO_8]$ oder $K_2O \cdot Al_2O_3 \cdot 6\,SiO_2$ 64,8% SiO_2, 18,3% Al_2O_3, 16,9% K_2O	weiß rötlich grau gelblich smaragdgrün (Amazonenstein), bläul.-perlmutterglänzend: (Mondstein) („labradorisierend"!)	Glasgl. matt Perlmgl.	6 2,53–2,56	mkl. ps.-tetr.	säulig taflig rhomboederähnlich (Ad.) häufig Zwill.	C_{2h}^3 mkl.-prism.
Mikroklin $K[Si_3AlO_8]$	weiß, grau grün: Amazonenstein, rot	Glasgl. Perlmgl.	6 2,54–2,57	trkl. ps.-mkl.	dicksäulig	C_i^1
Plagioklase (Kalk-Natron-Feldspate):						
Albit (Ab) **(Natron-Feldspat,** Periklin) $Na[Si_3AlO_8]$ oder $Na_2O \cdot Al_2O_3 \cdot 6\,SiO_2$ $(Ab_{100\text{-}90} \rightarrow An_{0\text{-}10})$	weiß rot	Glasgl. Perlmgl.	6 2,62	trkl. ps.-mkl.	säulig n. [001] nadlig taflig n. [010] säulig n. [010]: (Periklin)	C_i^1 trkl.-pin.

Spaltbarkeit Bruch	Aggregate Form	Aggregate Struktur	Ähnliche Minerale	*Verwendung* Vorkommen und Begleiter
s. gut (001) gut (010) schlecht (1$\bar{1}$0)	selten derb	körnig spätig	Plagioklase *151* (Albit *150*)	*Wichtiges gesteinsbildendes Mineral! Wichtiger keramischer Rohstoff!* 1. Hauptgemengteil in quarzführenden Tiefen- u. Ergußgesteinen, Graniten, Syeniten (Orthoklas); Rhyolithen, Trachyten, Phonolithen (Sanidin meist rissig, dünntaflig, glasig) u. Gneisen 2. Pegmatitisch - pneumatolytisch auf Drusen u. Gängen, bes. in Graniten 3. Hydrothermal auf alpinen u. a. Klüften in kristallinen Schiefern u. Erzgängen (Adular glasklar, milchweiß, Rhomboeder): Chlorit, Bergkristall, Titanit
s. gut (001) (010) (110)	derb			1. Als Gemengteil in Granit, Syenit, Pegmatit, Gneis (Augengneise z. T.) 2. Auf Magneteisenerzlgst.: Calcit, gemeine Hornblende, Augit, Granat, Epidot
s. gut (001) gut (010) gut (110) (1$\bar{1}$0)	derb	körnig strahlig	Baryt *116* Amblygonit *136*	*Wichtige „helle" gesteinsbildende Minerale!* 1. Gemengteil von kristallinen Schiefern (Chloritschiefer, Phyllit) u. Graniten, Syeniten, Keratophyren 2. Auf Klüften u. Drusen in Gneis, Chloritschiefer (Periklin), Granit: Adular, Bergkristall, Rauchquarz. Chlorit, Rutil, Titaneisenerz, Sphen, Epidot, Apatit, Calcit 3. Auf Erzgängen

Name und chemische Formel	Farbe	Glanz Durchsichtigkeit	Härte Dichte	Kristalle System	Habitus	Raumgruppe Klasse
Oligoklas ($Ab_{90-70} \rightarrow An_{10-30}$)	grünlich weiß farblos rötlich	fettig Glasgl.	6 2,66	trkl.	säulig dicktaflig	C_i^1 trkl.-pin.
Andesin ($Ab_{70-50} \rightarrow An_{30-50}$)	wie Oligoklas	Glasgl. schillernd (Sonnenstein)				
Labrador ($Ab_{50-30} \rightarrow An_{50-70}$)	weiß, grau braun, blau (labradori- sierend)	Glasgl. fettig Perlmgl.	6 2,72	trkl.	säulig dicktaflig Kr. selt.	C_i^1 trkl.-pin.
Bytownit ($Ab_{30-10} \rightarrow An_{70-90}$)	wie Labrador					C_i^1 trkl.-pin.
Anorthit (An) **(Kalk-Feldspat)** $Ca[Al_2Si_2O_8]$ oder $CaO \cdot Al_2O_3 \cdot 2\,SiO_2$ ($Ab_{0-10} \rightarrow An_{90-100}$)	farblos weiß grau rot	Glasgl. Perlmgl.	6 2,76	trkl.	kurznadlig dicktaflig Kr. meist klein, flächenr.	C_i^1 trkl.-pin.
Chloritoid (Ottrelith, Spröd- glimmer) $Fe_2Al_2[Si_2Al_2O_{10}] \cdot (OH)_4$ bzw. $Fe_2Al_4(OH)_4$ $[Si_4Al_4O_{20}] \cdot 2\,Fe(OH)_2$	dunkelgrün schwarz	Perlmgl. Glasgl. fast unds. (grünl.-weiß)	6 3,4–3,6	mkl.	kleine sechs- seitige oder lang- gestreckte Täfelchen	?

Härte 6½

5. Sehr harte

Rutil TiO_2 60% Ti	rot braun gelb schwarz (Nigrin)	Diamantgl. halbmet.	6–6½ 4,2–4,3	tetr.	säulig nadlig haarförmig Zwill. Vierl.	D_{4h}^{14} ditetr.-bipyr.

Spaltbarkeit Bruch	Aggregate Form	Struktur	Ähnliche Minerale	*Verwendung* Vorkommen und Begleiter
s. gut (001) gut (010)		körnig dicht (splittrig)		1. Als Gemengteil von Granit, Syenit, Diorit, Porphyr, Andesit, Gneis, seltener Diabas 2. Auf Magneteisenerzlgst.
wie Oligoklas				1. In Andesiten 2. In Cordieritgneis
s. gut (001) gut (010)	derb	körnig dicht		1. Als *wichtiger Gemengteil* von Basalt, Dolerit, Andesit, Gabbro, Norit, Diabas, Diorit 2. Aus vulkanischen Aschen
				In Tiefengesteinen: „Forellenstein“, „Kugeldiorit“
s. gut (001) gut (010)	derb	körnig dicht		1. In kontaktmetamorphem Kalk u. Dolomit 2. Auf Lagern von Magnetit, Chalkopyrit, Magnetkies 3. Gemengteil von Anorthosit, Gabbro, Norit, Pyroxen-Andesiten, Basalten 4. Vulkanische Auswürflinge (flächenreich!)
s. gut (001)	derb büschelig	blättrig	Chlorit *114*	1. Einsprenglinge in Chloritschiefer, Phyllit, Marmor aus der seichten Epizone 2. Pneumatolytische Höfe um Kieslgst. in Phylliten Korund, Almandin, Chlorit, Margarit, Amphibol, Diaspor, Glaukophan
(100) (110) muschlig	derb	selten: körnig	Rotzinkerz *86* Ilmenit *62* Wolframit *60* Magnetit *60* Kassiterit *154* Zirkon *160* Turmalin *160*	*Wichtiges Titanerz!* 1. Einsprenglinge in krist. Schiefern 2. Auf Klüften in krist. Schiefern: Titaneisenerz, Specularit, Anatas, Brookit, Sphen, Adular, Albit, Bergkristall, Chlorit, Apatit, Kyanit, Lazulith 3. Auf Apatit-, Magnetitlgst.

Name und chemische Formel	Farbe	Glanz Durchsichtigkeit	Härte Dichte	Kristalle System	Habitus	Raumgruppe Klasse
Kassiterit (Zinnstein) SnO_2 78,7% Sn	schwarz grau braun gelb rot weiß	Diamantgl. fettig	6½–7 6,8–7,1	tetr.	kurzsäulig pyramid. nadlig Zwill. („Graupen")	D_{4h}^{14} ditetr.-bipyr.
Spodumen $LiAl[Si_2O_6]$ violett rosa: (Kunzit) smaragdgrün gelb: (Hiddenit) (Cr^{III}-, Fe^{III}-halt.) 1,3–3,4% Li	grün rot, gelb farblos	st. Glasgl. dsch.	6½–7 3,1–3,2	mkl.	säulig dicktaflig Kr. s. groß!	C_{2h}^{6} mkl.-prism.
Petalit (Kastor) $(Li, Na)[AlSi_4O_{10}]$ oder $Li_2O \cdot Al_2O_3 \cdot 8\,SiO_2$ 78,4% SiO_2!	farblos weiß rötlichweiß	Glasgl. dsicht. dsch.	6½ 2,4	mkl.	säulig dicktaflig Kr. selt. (Kastor) s. grobkrist.	C_{2h}^{6} mkl.-prism.
Pollucit $Cs_2[Al_2Si_4O_{12}] \cdot H_2O$ 41,4% Cs	farblos-glasig weiß	st. Glasgl. dsicht. meist trüb	6½ 2,9	kub.	Leucitoeder Würfel Kr. selt.	O_h^{10} kub.-hex. okt.
Thortveitit $(Sc, Y)_2[Si_2O_7]$ 33% Sc_2O_3	schmutzig-grün schwarzgrau	st. Glasgl. dsch. (grünl.-grau)	6½ 3,6	mkl. ps.-rh.	prismat. Kr. s. groß!	C_{2h}^{3} mkl.-prism.
Sillimanit (Fibrolith, Faserkiesel) $Al[O \mid AlSiO_4]$ oder $Al_2O_3 \cdot SiO_2$	grau bräunlich grüngrau	fettig seidig dsicht. dsch.	6½ 3,2	rh.	nadlig säulig	D_{2h}^{16} rh.-bipyr.

Spaltbarkeit Bruch	Aggregate Form	Aggregate Struktur	Ähnliche Minerale	*Verwendung* Vorkommen und Begleiter
s. gut (100) gut (110) muschlig	derb nierig	dicht körnig feinfasrig schalig (Holzzinnerz)	Vesuvian *156* Zirkon *160* Turmalin *160* Granat *160* Zinkblende *70* Wolframit *60* Rutil *152*	*Wichtigstes Zinnerz!* 1. Eingesprengt in Granit, „Greisen", Porphyr; Turmalinschiefer 2. Auf pegmatitisch-pneumatolytischen Zinnerzgängen. Arsenopyrit, Wolframit, Scheelit, Molybdänit, ged. Wismut, Fluorit, Apatit, Lithionglimmer, Topas, Triplit, Quarz, Kupferkies (säulig!) 3. Auf kontaktpneumatolytischen Kies-, Blende- und Magnetitlgst. Granat, Pyroxen, Amphibol, Arsenopyrit, Chalkopyrit, Prasem 4. Auf hydrothermalen Silber-Zinkerzgängen mit Wismut- u. Bleimineralen (spießig!) 5. Lose in Seifen
gut (100) (110)	derb	breitstenglig spätig	Feldspate *150* Skapolith *142* Amblygonit *136*	*Wichtiges Lithiumerz für Li-Salze u. Lagermetall-Legierungen, Edelsteine!* In Pegmatiten von Granit, Gneis, kristallinen Schiefern. Quarz, Albit, Triphylin, Amblygonit, Turmalin, Beryll, Zinnerz, Magnetit
s. gut (001) (201)	derb (Petalit)	großkörnig kleinkörnig dicht	Amblygonit *136* Feldspat *150*	*Wichtigstes Lithiumerz! Siliciumreichstes Mineral!* In Granitpegmatiten Turmalin, Spodumen, Lepidolith; Arsenopyrit
keine Spaltb.	meist derb	grobkörnig	Hyalit *142* Quarz *158*	*Wichtiges Caesiumerz!* In Granitdrusen, Granitpegmatiten: Beryll, Petalit
(110)				*Scandiumreichstes Mineral und Erz!* In Granitpegmatiten: Beryll, Monazit, Xenotim, Euxenit, Muskowit
(010)	derb	stenglig fasrig filzig	Disthen *138*	*Hochfeuerfestes Material!* 1. Knollen u. Strähnen in Gneis, Granulit, Glimmerschiefer, Eklogit u. in deren Quarzgängen 2. In Kontaktgest.: Cordierit, Zirkon, Almandin, Chrysoberyll, Korund, Spinell

Name und chemische Formel	Farbe	Glanz Durchsichtigkeit	Härte Dichte	Kristalle System	Habitus	Raumgruppe Klasse
Vesuvian (Idokras) $Ca_{10}Al_4(Mg, Fe, Ti)_2$ $[(F,OH)_4 \mid (SiO_4)_5(Si_2O_7)_2]$ oder $3\ CaO \cdot Al_2O_3 \cdot 3\ SiO_2 \cdot CaF$	braun grün gelb rot blau: (Cyprin)	fettig Glasgl. dsch.	6½ 3,22–3,45	tetr. ps.-kub.	säulig selten: nadlig pyramid.	D_{4h}^{4} ditetr.-bipyr.
Epidot (Pistazit) $Ca_2(Al, Fe^{III})_3$ $[OH \mid (SiO_4)_3]$ bzw. $Ca_2Al_2[OH \mid AlSi_3O_{12}]$	dunkelgrün gelbgrün zeisiggrün schwarz rot grau	Glasgl. dsch.	6½ 3,3–3,5	mkl.	säulig nadlig Kr. gestreckt n. [010] quergestreift flächenr.	C_{2h}^{2} mkl.-prism.
Zoisit $Ca_2Al_3[OH \mid (SiO_4)_3]$	meist grau grünlich rot: (Thulit)	Glasgl. Perlmgl. unds.	6½ 3,23–3,38	rh.	säulig nadlig	D_{2h}^{16} rh.-bipyr.
Prehnit $Ca_2Al_2[(OH)_2 \mid Si_3O_{10}]$ oder $2\ CaO \cdot Al_2O_3 \cdot 3\ SiO_2 \cdot H_2O$	grün grünlichweiß gelblichgrün	Glasgl. auf (001) Perlmgl. dsicht. dsch.	6–6½ 2,8–3	rh.	taflig n. (001) kurzsäulig n. (110) kurznadlig gekrümmt	C_{2v}^{4} rh.-pyr.
Benitoit $BaTi[Si_3O_9]$	sapphirblau blaßgrau	Glasgl. klar, trüb	6½ 3,7	trig.	pyramid.	D_{3h}^{2} ditrig.-bipyr.
Chondrodit und **Humit** $Mg_5[(OH,F)_2 \mid (SiO_4)_2]$ und $Mg_7[(OH,F)_2 \mid (SiO_4)_3]$ oder $2\ Mg_2SiO_4 \cdot Mg(OH, F)_2$ und $3\ Mg_2SiO_4 \cdot Mg(OH, F)_2$	hell-, dunkelgelb rot dunkelrot bräunlich grün	Glasgl. dsicht. Fettgl. unds.	6–6½ 3,2	mkl.: Chondrodit am häufigsten; rh.: Humit selten	Kr. meist klein, flächenreich; kontaktmet. oft sehr groß	C_{2h}^{5} mkl.-prism. und D_{2h}^{16} rh.-bipyr.

Spaltbarkeit Bruch	Aggregate Form	Struktur	Ähnliche Minerale	*Verwendung* Vorkommen und Begleiter
uneben (110)	derb	körnig dicht strahlig (Egeran) gestreift	Grossular *160* Zirkon *160* Zinnstein *154* Turmalin *160* Rutil *152* Skapolith *142*	1. Auf Klüften in Chloritschiefer, Serpentin: Calcit 2. In kontaktmetamorphem Kalk: Diopsid, Klinochlor 3. Auf kontaktmetasomatischen Lgst. von Magnetit, Pyrit, Magnetkies, Blende, Galenit, Granat, Wollastonit, Calcit 4. Auswürflinge in Vulkanen 5. Magmatisch: Nephelinsyenite
s. gut (001) gut (100)	derb plattig, angeflogen strahlig büschlig	stenglig körnig dicht	Strahlstein *148* Turmalin *160* Aegirin *96* Willemit *140* Pumpellyit *138*	*Weit verbreitet!* 1. Als selbständiges Gestein (Epidotfels) 2. Tiefhydrothermal auf Klüften von Chlorit-, Hornblende-, Epidotschiefer, Diorit, Syenit, Granit. Bergkristall, Adular, Albit, Axinit, Amiant, Diopsid, Apatit 3. In kontaktmetamorphem Kalk u. auf Magnetitlgst.: Granat, Vesuvian, Fassait, Hornblende 4. In Klüften u. Mandeln von Melaphyr mit ged. Kupfer
s. gut (010)	derb	gerieft-stenglig strahlig	Tremolit *148* Monticellit *138*	1. In kristallinen Schiefern (Amphibolit, Eklogit) 2. In kontaktmetamorphem Kalksilikatfels. Hornblende, Grossular, Omphacit, Vesuvian, Epidot, Kyanit, Orthoklas, Quarz, Fluorit, Magnetkies
gut (001) (110)	kuglig nierig traubig fächerförmig derb	strahlig körnig	Calamin *136* Beryll *164* Aragonit *122* Wavellit *120* Staffelit *133* Desmin *126*	*Verbreitet! gel. gesteinsbildend!* In Klüften, Drusen u. Mandeln von basischen Eruptivgesteinen u. kristallinen Schiefern, seltener in Granit, mit Calcit, Datolith, Natrolith, Analcim, Epidot, Axinit, ged. Kupfer
keine Spaltb.	in Natrolith eingewachsen			*Edelstein! Benitoit u. Bastnäsit, einzige Vertreter der Krist.-Klasse!* Natrolith, Neptunit, Ader in Serpentin
(001)	derb	körnig	Olivin *158* Cancrinit *144*	1. Einsprenglinge in kontaktmetamorphem Kalk und in vulkanischen Auswürflingen 2. Auf Lgst. von Magnetit, Blende, Chalkopyrit, Galenit. Spinell, Amphibol, Vesuvian, Graphit, Biotit, Serpentin

Name und chemische Formel	Farbe	Glanz Durch-sichtigkeit	Härte Dichte	Kristalle System	Habitus	Raumgruppe Klasse
Bertrandit $Be_4[(OH)_2 \| (SiO_4)(SiO_3)] \cdot H_2O$	wasserklar hellgelb	st. Glasgl. Perlmgl. a. (001) dsicht.	6½–7 2,6	rh.	taflig n. [001] prismat. [010] Herz-Zwill. hemimorph!	C_{2v}^{12} rh.-bipyr.
Cristobalit SiO_2	weiß	Diamantgl. fettig	6½ 2,2–2,3	kub./tetr.	Oktaeder Würfel, taflig	O_h^7, D_4^4, D_4^8 kub.-hex. okt. tetr.-trap.
Tridymit SiO_2	weiß	Glasgl. (0001) Perlmgl.	6½–7 2,33	hex./rh. ps.-hex.	dünntaflig n. (0001)	D_{6h}^4, D_{2h} rh.-bipyr.
Härte 7						
Quarz (Bergkristall, Rauchquarz, **Amethyst,** Hornstein) SiO_2 46,7% Si	in allen Farben: farblos weiß, grau violett (Amethyst) braun (Rauchquarz) gelb (Citrin)	Glasgl. Fettgl.	7 2,65	hex./trig.	säulig nadlig pyramid. selten: rhomboedr.	D_6^4, D_3^4 hex.-trap. trig.-trap.
Chalcedon (Faserquarz sowie gel. Cristobalit) var.: **Achat** var.: **Jaspis** u. viele a. SiO_2	Achat: bunt gebändert Chrysopras: grün Carneol: rot Jaspis: unds. farbig	Glasgl. matt dsch.	7 2,6		submikrosk. fasrig	
Olivin (Peridot, Chrysolith) $(Mg, Fe)_2[SiO_4]$ oder $2\,MgO \cdot SiO_2$	flaschengrün gelb braun grau	Glasgl. fettig	6½–7 3,3–4,2	rh.	säulig dünntaflig dicktaflig Kr. klein	D_{2h}^{16} rh.-bipyr.

Spaltbarkeit Bruch	Aggregate Form	Struktur	Ähnliche Minerale	*Verwendung* Vorkommen und Begleiter
(001)				In Pegmatiten: hydrothermales Umwandlungsprodukt aus Beryll neben Phenakit
keine Spaltb.				Auf Hohlräumen bes. in Andesiten, Trachyten, Basalten mikrosk. in Böden
(0001) $(10\bar{1}0)$	fächerförm. Zwill.			Auf Hohlräumen in Trachyt, Andesit, Porphyrit
schlecht $(10\bar{1}1)$ muschlig Prismenfl. meist horizontal gestreift	derb	dicht stenglig körnig	Cordierit *162* Nephelin *144* Phenakit *164* Beryll *164* Topas *164* Pollucit *154* Prehnit *156* Fluorit *122*	*Weitverbreiteter, vielverwendeter Rohstoff und Schmuckstein!* 1. Als selbständiges Sedimentgestein (schwarz: Lydit; Quarzit) 2. Gemeiner Quarz: überall verbreitet 3. Auf Gängen, bes. Erzgängen u. Klüften, in den meisten magmatischen Gest. Bergkristall, Rauchquarz, Amethyst, Jaspis, Achat; Hornstein Nicht Olivin, Nephelin, Nosean, Sodalith, Melilith, selten Labrador, Augit!
muschlig	nierig kuglig schalig	dicht feinfasrig feinstrahlig	Prehnit *156* Hydrargillit *120*	*Schmucksteine!* 1. Auf selbständigen Gängen (Achatgänge). Amethyst 2. In Klüften u. Hohlräumen (Mandeln) von Melaphyr. Quarz, (Amethyst), Zeolithe, Calcit, Grünerde 3. Auf Erzgängen 4. Auf Lagerstätten von Siderit und Limonit
gut (010) (100) muschlig	derb	körnig dicht		1. Gesteinsbildend: Dunite, Olivinfels 2. Einsprenglinge in Basalt, Basalttuff, Melaphyr, Diabas, Pikrit, Gabbro, Gabbropegmatiten (Fayalit), Hypersthenit 3. In Talkschiefer, Serpentin 4. Auf kontaktmetasom. Magnetitlgst. in Kalk, Dolomit 5. Auswürflinge in Vulkanen (schöne Kr. von Forsterit!) 6. In Meteoriten 7. Hüttenprodukt Bronzit, Diallag, Spinell, Chromdiopsid

Name und chemische Formel	Farbe	Glanz Durch-sichtigkeit	Härte Dichte	Kristalle		
				System	Habitus	Raumgruppe Klasse
var.: Fayalit $Fe_2[SiO_4]$	gelb olivgrün verwitt. braunrot schwarz					
var.: Forsterit $Mg_2[SiO_4]$	farbl., hellgelb-grün, (Chry-solith, ds.)					
Granat:						
Pyrop $Mg_3Al_2Si_3O_{12}$	meist blutrot	Glasgl. fettig	7 3,2–4,2	kub.	dodekaedr. ikositetr.	O_h^{10} kub.-hex. okt.
Grossular $Ca_3Al_2Si_3O_{12}$	farblos grün, rot	nicht: blau				
Almandin $Fe^{II}{}_3Al_2Si_3O_{12}$	braun bis dunkelrot					
Andradit $Ca_3Fe^{III}{}_2Si_3O_{12}$	braungrün schwarz					
Melanit (Ti-halt.)	schwarz					
Spessartin $Mn_3Al_2Si_3O_{12}$	gelb-rotbraun					
Uwarowit $Ca_3Cr^{III}{}_2Si_3O_{12}$	dunkelgrün					
Zirkon $Zr[SiO_4]$ 67,3% ZrO_2, 49,7% Zr	braun, gelb grau, grün farblos: (Jargon) gelbrot: (Hyazinth)	Diamantgl. fettig dsicht. dsch.	7½ 3,9–4,8	tetr.	säulig nadlig pyramid.	D_{4h}^{19} ditetr.-bipyr.
Turmalin (Schörl schwarz: Dravit) rot: **(Rubellit)** zartgrün: (Achroit) blau: (Indigolith) Kompliz. Mischkr. etwa (Na, Ca) (Fe, Mg, Li)$_3$ (Al, Fe)$_6$ [(OH)$_{1\text{-}3}$ | (BO$_3$)$_3$ | Si$_6$O$_{18}$]	schwarz (Fe) braun grün rot blau farblos verschieden gefärbte Zonen	Glasgl. dsicht. Fettgl. unds.	7 2,9–3,2	trig.	säulig nadlig selten: rhomboedr. Kr. längs- gestr.	C_{3v}^{5} ditrig.- pyram.

Spaltbarkeit Bruch	Aggregate		Ähnliche Minerale	*Verwendung* Vorkommen und Begleiter
	Form	Struktur		
Spaltb. besser als bei Olivin				1. In Pegmatiten 2. Zinnerzgängen 3. Kontaktmetamorph in eisenreichen Sedimenten 4. Vulkanische Einschlüsse und gesteinsbildend in Lipariten
(010)				*Schmuckstein!* 1. Vulkanische Auswürflinge 2. In Serpentin
oft muschlig	derb	dicht körnig	Vesuvian *156* Zinkblende *70* Rubin *166* Zirkon *160* s. S. *98*	*Schmuckstein!* Pyrop: Einsprenglinge in Serpentin, lose in Seifen (mit Diamant); Grossular: auf Klüften u. Einsprenglinge in kontaktmetamorphem Kalk, als Gemengteil im Eklogit mit Diopsid, Klinochlor; Almandin: Einsprenglinge in Gneisen, Glimmerschiefer; Andradit: in kontaktmetamorphem Kalk, auf Lagern von Magnetit, Pyrit, Blende, Galenit; Uwarowit mit Chromiterzen in Serpentin, Kalk, Dolomit; Melanit: nur primär in Phonolith, Nephelin-Syenit, Basalt, Nephelinit, Leucitit; Spessartin: im Granit, Pegmatit, in kristallinen Schiefern
schlecht (110) muschlig			Vesuvian *156* Titanit *142* Zinnstein *154* Granat *160* Rutil *152* Thorit *74* Xenotim *88*	*Wichtiger Rohstoff für Zirkonium!* *Schmuckstein!* 1. Einsprenglinge in Eruptivgest. (Eläolithsyenit, Syenit, Granit, Pegmatiten, Basalt) 2. Auf Klüften in Chloritschiefern, Gneis, Amphibolit. Diopsid, Granat, Titanit, (Sphen), Chlorit 3. In Edelstein- und Goldseifen
keine Spaltb. muschlig	selten derb	stenglig fasrig	Epidot *156* Lievrit *98* Smaragd *164* Akmit *148* Aegirin *96*	*Schmuckstein!* 1. Pegmatitisch-pneumatolytisch in granitischen Tiefen- und Ganggest. 2. Kontaktmetamorph in Schiefern, Kalken, Dolomiten 3. Selten in sauren Eruptivgesteinen mit Zinnstein 4. In hydrothermalen Gängen mit Eisenspat, Quarz, Magnesit 5. In kristallinen Schiefern, Gneisen Almandin, Beryll, Topas, Bergkristall, Rauchquarz, Quarz, Orthoklas, Zinnstein, Flußspat, Apatit

Name und chemische Formel	Farbe	Glanz Durchsichtigkeit	Härte Dichte	Kristalle System	Habitus	Raumgruppe Klasse
Dumortierit $Al_8[(OH) \mid BSi_3O_{19}]$	tiefblau blaugrau bräunlich selten rot	seidig dsicht.	7 3,3–3,4	rh.		
Danburit $Ca[B_2Si_2O_8]$	farblos weingelb dunkelbraun	fettig	7–7½ 2,9–3	rh.	säulig (nadlig)	D_{2h}^{16} rh.-bipyr.
Axinit $Ca_2(Fe, Mg, Mn)$ $Al_2BH[SiO_4]_4$	nelkenbraun grau violett grünlich	st. Glasgl. dsch.	6½–7 3,3	trkl.	taflig mit scharfen Schneiden linsenförmig	C_i trikl.-pin.
Gadolinit $Y_2Fe[O \mid BeSiO_4]_2$ (mit „seltenen Erden“) 38% Y	schwarz	fettig unds. (grünlich-grau)	6½–7 4–4,7	mkl.	kurzsäulig dicktaflig Kr. s. selt.; groß	C_{2h}^{5} mkl.-prism.
Euklas $Al[(OH) \mid BeSiO_4]$	hellgrün (Edelstein)	st. Glasgl.	7½ 3–3,1	mkl.	säulig n. [001] nadlig Vertikal-streifung	C_{2h}^{5} mkl.-prism.
Cordierit $Mg_2Al_3[Si_5AlO_{18}]$ oder $2\,MgO \cdot 2\,Al_2O_3 \cdot 5\,SiO_2$	blau violett grau braungrünl. mattgrün	fettig dsicht. dsch. meist verwittert	7–7½ 2,6	rh. ps.-hex.	säulig	D_{2h}^{20} rh.-bipyr.
Andalusit $AlAl\,[O \mid SiO_4]$ oder $Al_2O_3 \cdot SiO_2$ var.: Chiastolith (kohlige Substanz längs der Achse u. a.d. Kanten)	rötlichgrau hellrot	Glasgl. fettig matt dsicht. dsch.	7½ 3,1	rh. ps.-tetr.	einfach säulig nadlig	D_{2h}^{12} rh.-bipyr.

Spaltbarkeit Bruch	Aggregate Form	Struktur	Ähnliche Minerale	*Verwendung* Vorkommen und Begleiter
gut (100)		fasrig strahlig	Disthen *138*	*Gelegentl. keramischer Rohstoff!* 1. Pegmatitgänge und pneumatolytisch-metasomatisch 2. In Gneisen, Granuliten: Disthen, Cordierit
muschlig	derb		Topas *164* Datolith *136* Colemanit *122*	Pneumatolytisch in Dolomit, Gangmineral in Gneis, in vulkanischen Auswürflingen: Calcit, Dolomit, Glimmer, Chlorit, Pyroxen, Titanit, Turmalin, Rauchquarz, Pyrit
(010) muschlig	derb		Titanit *142*	1. Kontaktpneumatolytisch in und am Granit mit Turmalin, Granat, Beryll, Magnetit, Prehnit 2. Auf Klüften von Hornblendeschiefer, Granit u. Diabas. Bergkristall, Adular, Albit, Epidot, Prehnit, Amiant 3. Auf Lagern von Zinkblende, Arsenopyrit (kobalthalt.) 4. In kontaktmetamorphem Kalk
(001) muschlig	derb	dicht	s. S. *98*	*Wichtiger Rohstoff für „Ytter-Erden"!* 1. In Granitpegmatiten 2. In alpinen Klüften: Orthit, Yttrialit, Fergusonit, Gummit
s. gut (010)				1. Auf Goldseifen in losen Kristallen 2. Auf Klüften von Chloritschiefer und Glimmerschiefer 3. In Pegmatit mit Periklin
gut (010) (001) muschlig	meist derb	körnig	Quarz *158* Nephelin *144*	1. Einsprenglinge in Gneis, Granulit, Granit, Pegmatiten 2. In Tonschiefern in granitischen Kontakthöfen (Knotenschiefer) 3. Einschlüsse und Auswürflinge in Ergußgesteinen: Basalten, Andesit u. a. 4. Auf Kieslgst.: Magnetkies, Kupferkies 5. Lose als Flußgerölle („Wassersapphir") Granat, Turmalin, Korund, Spinell, Sillimanit
gut (110) uneben	derb	strahlig („Garben") stenglig fasrig körnig	roter Turmalin *160*	1. In kontaktmetamorphen Schiefern 2. In Pegmatiten und Quarzgängen 3. Einsprenglinge in Glimmerschiefer und Gneis Granat, Turmalin, Rutil, Quarz, Gold

Name und chemische Formel	Farbe	Glanz Durchsichtigkeit	Härte Dichte	Kristalle System	Habitus	Raumgruppe Klasse
Staurolith $Al_4[Fe''O_2(OH)_2 \mid (SiO_4)_2]$ oder $2\,Al_2O_3 \cdot 2\,SiO_2 \cdot Fe^{II}(OH)_2$	rötlichbraun schwarz-braun schwarz	Glasgl. matt fettig dsch.	7–7½ 3,7–3,8	rh.	säulig nadlig Kreuzzwill.	D_{2h}^{17} rh.-bipyr.
Boracit $Mg_6[Cl_2 \mid B_{14}O_{26}]$ 62% B_2O_3	farblos, grau grünlich bläulich gelb	Glasgl. dsicht. dsch.	7 2,9	kub./265° rh. ps.-tetr.	hexaedr. dodekaedr. tetraedr.	T_d^5; C_{2v}^{11} kub.-hex. tetr. rh.-pyr.

Härte 8

Name und chemische Formel	Farbe	Glanz Durchsichtigkeit	Härte Dichte	System	Habitus	Raumgruppe Klasse
Phenakit $Be_2[SiO_4]$	weiß gelblich blaßrot	Glasgl.	7½–8 3	trig.	rhomboedr. säulig pyramid. linsenförmig	C_{3i}^2 trig.-rhboedr.
Beryll $Be_3Al_2[Si_6O_{18}]$ 5,07% Be var.: **Smaragd** leucht. grün (chromh.) var.: **Aquamarin** gelb, blau, dunkelgrün var.: Morganit rosenrot	grünlich bläulich blaugrün weiß gelb rot	Glasgl. dsicht. dsch.	7½–8 2,63–2,80	hex.	säulig nadlig selten taflig Kr. längs-gestreift	D_{6h}^2 dihex.-bipyr.
Topas $Al_2[F_2 \mid SiO_4]$	gelb, weiß bläul., grünl. rötl., violett gelbweiß: (Pyknit)	Glasgl. dsicht. dsch.	8 3,5–3,6	rh.	säulig flächenreich	D_{2h}^{16} rh.-bipyr.
Spinell Al_2MgO_4 oder $MgO \cdot Al_2O_3$ (schwarz FeO- und Fe_2O_3-halt.)	grün blau schwarz rot	Glasgl. dsicht. unds.	8 3,5–4,4	kub.	oktaedr. häufig Zwill. n. (111)	O_h^7 kub.-hex. okt.

Spaltbarkeit Bruch	Aggregate Form	Struktur	Ähnliche Minerale	*Verwendung* Vorkommen und Begleiter
gut (010)			Granat *160*	1. Einsprenglinge in Glimmerschiefer, Gneis 2. Auf Seifen Almandin, Kyanit, Paragonit
muschlig keine Spaltb.	derb knollig: (Staßfurtit)	fasrig erdig: (Staßfurtit)	Senarmontit *106* (viel weicher!)	In Kalisalzslagern Einsprenglinge in Gips, Anhydrit, Carnallit, Steinsalz
gut $(10\bar{1}1)$ gut $(11\bar{2}0)$ muschlig			Quarz *158* Topas *164*	Hydrothermal, pneumatolytisch: 1. Einsprenglinge in Glimmerschiefer; auf Klüften in Granit 2. Auf Eisen- und Zinnerzlgst. Beryll, Chrysoberyll, Apatit, Amazonenstein, Topas, Turmalin, Albit, Quarz, Smaragd
gut (0001) gut $(10\bar{1}0)$ muschlig	derb	stenglig fasrig	Apatit *132* Turmalin *160* Quarz *158* Topas *164* Prehnit *156* Chrysoberyll *166*	*Wichtiges Berylliumerz für Hartlegierungen! Schmuckstein!* 1. Einsprenglinge in Glimmerschiefer, Gneis, Chloritschiefer, Tonschiefer 2. In Granitpegmatiten, Drusen in Granit 3. Auf Zinnsteingängen Turmalin, Topas, Chrysoberyll, Phenakit, Triphylin, Fluorit, Quarz, Feldspat
s. gut (001) muschlig	derb (feldspatähnlich)	stenglig (Pyknit) selten dicht (jaspisartig)	Phenakit *164* Korund *166* Aragonit *122* Datolith *136* Beryll *164*	*Schmuckstein!* 1. Pneumatolytisch bes. mit Zinnstein in Granit, in Greisen, Quarzporphyr, auf Zinnsteingängen, Turmalinhornfels; in Drusen und als Einsprengling 2. In Seifen mit Gold und Edelsteinen
schlecht (111)			Rubin *166* Zirkon *160* Granat *160*	*Schmucksteine!* 1. Kontaktmetamorph in Dolomit, Kalk. Pyroxen, Chondrodit, Biotit, Korund, Graphit 2. Auswürflinge von Vulkanen 3. Einsprenglinge in Basalt 4. In losen Körnern, in Seifen mit Schwermineralen

Name und chemische Formel	Farbe	Glanz Durchsichtigkeit	Härte Dichte	Kristalle System	Kristalle Habitus	Kristalle Raumgruppe Klasse
Gahnit (Zinkspinell) Al_2ZnO_4 oder $ZnO \cdot Al_2O_3$	grün grau schwarz blau	Glasgl. fettig dsch.	8 4,3–4,9	kub.	oktaedr. hexaedr. rhomben- dodekaedr. Zw. n. (111)	O_h^7 kub.-hex. okt.
Chrysoberyll Al_2BeO_4 oder $BeO \cdot Al_2O_3$ 7,15% Be	grün gelb	Glasgl. fettig dsicht.	8½ 3,7	rh. ps.-hex.	dicktaflig kurzsäulig pyramid. Zwill.	D_{2h}^{16} rh.-bipyr.
Korund Al_2O_3	grau graublau blau: **(Sapphir)** rot: **(Rubin)** grün, braun weiß: (Smirgel)	Glasgl. fettig	9 4	trig. ps.-hex.	säulig tonnenförmig dicktaflig pyramid. rhomboedr.	D_{3d}^6 ditrig.-skal.
Diamant C	weiß grau gelblich bläulich schwarz	Diamantgl.	10 3,52	kub.	oktaedr. dodekaedr. hexakis- oktaedr. hexaedr.	O_h^7 kub.-hex. okt.

Spaltbarkeit Bruch	Aggregate Form	Struktur	Ähnliche Minerale	*Verwendung* Vorkommen und Begleiter
gut (111)	derb	körnig	Kupferkies *34* Zinkblende *70* Rotzinkerz *86* Franklinit *62*	1. Einsprenglinge in Talkschiefer 2. Auf Kies- und Blendelagern in Cordieritgneisen 3. Mit Franklinit, Zinkit, Willemit, Calcit in kontaktmetasom.-regionalmetamorph. Kalken 4. In Diamantseifen
gut (010) muschlig	Körner		Beryll *164* Apatit *132*	*Gelegentl. Rohstoff für Beryllium!* *Schmuckstein! (Alexandrit)* 1. In Glimmerschiefer, Gneis, Granit 2. In Granitpegmatiten 3. Lose auf Edelsteinseifen Beryll, Phenakit, Granat, Fibrolith, Turmalin
$(10\bar{1}1)$ (0001) infolge von Zwill.-Bildg.	derb	körnig	Smaragd *164* Zirkon *160* Spinell *164* Granat *160* Cordierit *162* Beryll *164* Apatit *132* Topas *164* Turmalin *160*	*Schmucksteine!* 1. In selbständigen pneumatolyt.-hydrothermalen Lgst. (Smirgel). Magnetit, Specularit, Chlorit, Margarit, Calcit 2. Magmatische Einsprenglinge in Granit, Syenit, Basalt, Peridotit mit Magnetit, Spinell 3. Einsprenglinge in Kalk, Dolomit und Schiefern kontakt- u. regionalmetam. Spinell 4. Häufig lose auf Edelsteinseifen
s. gut (111)	eingewachsen kuglig-strahlig	feinkörnig		*Schmuckstein! Industriestein!* 1. Meist nur lose Kristalle in Seifen, Flußsanden oder in verfestigten Seifen: Quarzkonglomerate mit Edelsteinen, Gold, Platin, Zirkon, Zinnstein, Rutil, Magnetit, Quarz 2. Eingewachsen in breccienartigem Olivingestein bzw. Serpentin (Kimberlit) 3. In schiefrigem Sandstein (Itacolumit)

LITERATURVERZEICHNIS

BERINGER, H. R.: Simple Determinative Mineralogy. London 1931.

BILTZ, W.: Ausführung qualitativer Analysen. 10. Aufl. Leipzig 1949.

BRINKMANN, R.: Abriß der Geologie. I u. II. Stuttgart 1940 und 1949.

BRUSH, G. J. and PENFIELD: Manual of determinative mineralogy with an introduction of blow-pipe analysis. 14. Edit. 1896.

CORRENS, C. W.: Einführung in die Mineralogie, Kristallographie und Petrologie. Berlin 1949.

PALACHE, CH., H. BERMANN and CL. FRONDEL: The System of Mineralogy of J. D. DANA and E. S. DANA. Vol. I. New York 1946.

DANA, E. S. and W. E. FORD: A Textbook of Mineralogy. New York 1932.

FEDOROWSKY, N. M.: Anleitung zur Bestimmung von Mineralien. 2. russ. Aufl. Berlin 1926.

FUCHS, C. W. und R. BRAUNS: Anleitung zum Bestimmen der Minerale. 8. Aufl. Gießen 1930.

HINTZE, C.: Handbuch der Mineralogie. Berlin 1897—1938.

DE JONG, W. F.: Tabellen zur Bestimmung der wichtigsten lichtdurchlässigen Mineralien. Delft 1940.

KLOCKMANN, F. und P. RAMDOHR: Lehrbuch der Mineralogie. 13. Aufl. Stuttgart 1947.

KOBELL, F. und K. OEBBEKE: Tabellen zur Bestimmung der Minerale. 17. Aufl. München 1921.

NAUMANN, C. FR. und F. ZIRKEL: Elemente der Mineralogie. 14. Aufl. Leipzig 1908.

NIGGLI, P. und L. WEBER: Lehrbuch der Mineralogie Bd. II. Berlin 1926.

NIGGLI, P.: Tabellen zur allgemeinen und speziellen Mineralogie. Berlin 1927.

RAAZ, F. und H. TERTSCH,: Geometrische Kristallographie und Kristalloptik und deren Arbeitsmethoden. Wien 1939.

RINNE, F.: Einführung in die kristallographische Formenlehre und elementare Anleitung zu kristallographisch-optischen sowie röntgenographischen Untersuchungen. 5. Aufl. Leipzig 1922.

SCHNEIDERHÖHN, H. und P. RAMDOHR: Lehrbuch der Erzmikroskopie. Berlin 1931.*)

STREBINGER, R.: Praktikum der qualitativen chemischen Analyse. 4. Aufl. Wien 1944.

STRUNZ, H.: Mineralogische Tabellen. Leipzig 1941. 2. Aufl. 1949.

WEISSBACH, A. und F. KOLBECK: Tabellen zur Bestimmung der Minerale. 13. Aufl. Leipzig 1927.

ACHAT, Zeitschrift f. d. Freunde der Mineralogie, Edelsteinkunde und Goldschmiedekunst. Hamburg.

---

*) Neubearbeitung von P. RAMDOHR, Berlin 1950.

REGISTER

A

Abichit 92
Achat 158
Achroit 160
Adamin 120
Adular 150
Aegirin 96, 148
Aeschynit 74
Agalmatolith 106
Aikinit 48
Akanthit 46, 56
Akmit 148
Aktinolith 148
Alabandin 58, 94
Alabaster 109
Alaunstein 126
Albit 150
Alexandrit 166
Alkali-Amphibol 98, 100
Alkalihornblenden 150
Alkaliaugite 148
Allanit 74, 144
Allemontit 40, 50
Allophanit 122
Almandin 160
Alstonit 124
Altait 38
Aluminit 104
Aluminiumhornblenden 150
Alunit 126
Alunogen 108
Amalgam 38
Amazonenstein ... 150
Amblygonit 136
Amesit 114
Amethyst 158
Amiant 148
Ammonalaun 108
Amphibol .. 74, 96, 148, 150
Analcim 140
Anatas 136
Andalusit 162
Andesin 152
Andorit 50, 58
Andradit 160
Anglesit 118
Anhydrit 116
Ankerit 124
Annabergit 88, 110
Anorthit 152
Anthophyllit 148
Antigorit 122
Antimon 38
Antimonblüte 110
Antimonblende ... 76
Antimonfahlerz .. 52, 58
Antimonglanz 46
Antimonit 46
Antimonsilber 40
Antimonsilberblende 50, 78
Antlerit 94
Apatit 132
Apophyllit 134
Aquamarin 164
Aragonit 122
Arfvedsonit 98, 100, 150
Argentit 46, 56
Argyrodit 56
Arkansit 60, 136
Arsen 40, 52
Arsenfahlerz 52
Arsenikalkies 40
Arsenkies 42
Arsenopyrit 42
Arsenpolybasit ... 56
Asbest 110, 148
Asbolan 68
Atakamit 92
Augite 146, 148
Aurichalcit 98
Auripigment 82
Aurosmirid 44
Autunit 82
Axinit 162
Azurit 100

B

Baryt 116
Barytocalcit 124
Benitoit 156
Bergkristall 158
Bergleder 111
Berthierit 50
Bertrandit 158
Beryll 164
Betafit 72
Beryllonit 136
Bindheimit 88
Biotit 114
Bischofit 106
Bismuthin 38
Bismutit 124
Bittersalz 108
Bixbyit 62
Blätterserpentin .. 122
Blättertellurerz .. 44, 56
Blätterzeolithe . 126, 134
Blaueisenerz 99
Blauspat 138
Bleiglanz 48
Bleilasur 100
Bleiniere 88
Bleischweif 49
Blende 70, 86, 126
Boracit 164
Borax 106
Bornit 30, 32
Boronatrocalcit ... 104
Botryolith 136
Boulangerit 50
Bournonit 50, 58
Bowmanit 130
Braunbleierz 120
Brauneisenerz 72
Brauner Glaskopf . 72
Braunit 62, 70
Braunspat 124
Bravoit 32
Breithauptit 30
Breunnerit 128
Brewsterit 134
Brochantit 94
Bromargyrit 106
Bromchlorargyrit . 88
Bromit 106
Bromsilber 106
Bronzit 146
Brookit 60, 136
Brucit 110
Bündelzeolith 126
Buntbleierz 120
Buntkupferkies .. 30, 32
Bytownit 152

C

Calamin 136
Cancrinit 144
Calcit 118
Calaverit 32
Carnallit 116
Carneol 158
Carnotit 86
Cerit 132
Cerussit 118
Ceylonit 98
Chabasit 130
Chalcedon 158
Chalkanthit 108
Chalkophyllit 90
Chalkopissit 70
Chalkopyrit 34
Chalkosin 50, 56
Chalmersit 34
Chamosit 90
Chiastolith 162
Chloanthit 42
Chlorargyrit 106
Chlorit 90, 114
Chloritoid 152
Chlorsilber 106
Chondrodit 156
Christophit 58, 70
Chromeisenerz ... 62, 72
Chromgranat 98
Chromit 62, 72
Chromspinell 76
Chrysoberyll 166
Chrysokoll . 94, 100, 122
Chrysolith 158
Chrysotil 110
Chrysopras 158
Cinnabarit 76
Citrin 158
Clausthalit 48
Cobaltin 42
Cölestin 116
Colemanit 122
Columbit 62, 74
Cooperit 40
Copiapit 82
Coquimbit 108
Cordierit 162
Covellin 68
Cristobalit 158
Cubanit 34
Cuprit 78
Cuprodescloizit ... 84
Curit 86
Cyanit s. Kyanit
Cyprin 156

D

Danait 42
Danburit 162
Datolith 136
Delessit 90
Descloizit 84, 120
Desmin 126

Deweylith 110
Diallag 148
Diamant 166
Diaspor 142
Dichroit 162
Dickit 105
Digenit 56
Diopsid 146
Dioptas 96, 100
Disthen 138
Dolomit.......... 124
Dravit 160
Dufrenit 84, 94
Dumortierit 162
Dunkles Rotgültig-
erz 50, 78
Dyskrasit 40

E

Egeran 157
Eisen 54, 72
Eisenblüte 123
Eisenglanz 64, 78
Eisenglimmer..... 114
Eisenkies......... 36
Eisenpecherz ...86, 128
Eisensinter....... 84
Eisenspat 124
Eisenvitriol....... 108
Eläolith 144
Elektrum 32
Embolit.......... 88
Emplektit.......38, 46
Enargit 58, 68
Enstatit 144
Epidot 156
Epsomit 108
Erbsenstein 123
Erythrin 76
Euchroit 94
Eudialyt 132
Eugenglanz....... 56
Euklas 162
Eukolit 132
Eulytin 136

F

Fahlerze 52, 58
Famatinit 59
Faserkiesel 154
Faserquarz 158
Faser-Serpentin... 110
Faserzeolithe . 120, 134, 140
Fassait 146
Faujasit 134
Fayalit 160
Federerz 48
Feldspate 150
Ferberit.......... 60
Feuerblende 78
Fibrolith 154
Fluorit........... 122
Flußspat 122
Forsterit 160
Fowlerit 140
Franckeit 47
Franklinit........ 62
Freibergit 52
Freieslebenit...... 48

G

Gadolinit 98, 162
Gahnit........... 166
Galenit 48
Galmei 128
Garnierit 92
Gedrit 149
Gehlenit 138
Gelbbleierz 118
Gelbeisenerz...... 84
Gelbnickelkies 34
Geokronit 48
Germanit 30
Gersdorffit 40, 52
Gibbsit 120
Gips 108
Glanzkobalt s. Kobaltglanz
Glaserit.......... 107
Glaserz s. Argentit
Glaskopf 72, 74, 78
Glasopal 142
Glauberit 116
Glaubersalz 106
Glaukodot 40
Glaukonit 90
Glaukophan ...100, 150
Glimmer 112, 114
Goethit 72
Gold 32
Goslarit 108
Granat 160
Graphit.......... 54
Graunickelkies...40, 52
Greenockit 82
Grossular 160
Grünbleierz 120
Grüneisenerz 84, 94
Grünerde 90
Gummit 82
Gymnit 110

H

Haarkies 34
Hämatit 64, 72, 78
Halit 110
Hamlinit.......... 130
Harmotom 134
Hartmanganerz ... 74
Hauerit 78
Hausmanit 60
Hauyn 142
Hedenbergit ...96, 146
Helvin........... 144
Hemimorphit 136
Hercynit 98
Herderit 130
Hermesit 52, 58
Hessit 48
Hessonit...... 145, 160
Heterogenit 70
Heulandit 126
Hiddenit 154
Himbeerspat 128
Hollandit 60
Holzopal 131
Holzzinnerz 77, 155
Honigstein 114
Hornblenden 74, 96, 150
Hornsilber 106
Hornstein 158
Hübnerit 60
Humboldtin 80
Humit 156
Hyalit 142
Hyazinth 160
Hydrargillit 120
Hydrozinkit 112
Hypersthen 146

I

Idokras 156
Ilmenit 62, 70
Ilmenorutil....... 64
Ilvait...........70, 98
Indigolith 160
Iridium 44
Iridosmium....... 44

J

Jadeit 148
Jakobsit 62
Jamesonit 48
Jarosit........... 84
Jargon........... 160
Jaspis 158
Jodargyrit 80
Jodsilber 80

K

Kämmererit 114
Kainit 112
Kakoxen......... 86
Kalifeldspate 150
Kaliglimmer...... 114
Kalinitrit 108
Kalisalpeter 108
Kalkfeldspat 152
Kalkglimmer 130
Kalkmesotyp 134
Kalknatronfeldspate 150
Kalkspat 118
Kalkuranglimmer . 82
Kallait........... 138
Kalomel 106
Kampylit 106
Kaolinit 104
Karpholith 134
Kasolit 86
Kassiterit ...64, 76, 154
Kastor 154
Katzengold 33
Keramohalit 108
Kerargyrit 106
Kermesit 76
Kernit 112
Kieselkupfererz .94, 100
Kieselwismuterz .. 136
Kieselzinkerz 136
Kieserit.......... 116
Klinoamphibole... 148
Klinochlor 90
Klinoklas 92
Klinopyroxen ..96, 146
Knopit 68
Kobaltarsenkies .. 42
Kobaltbeschlag ... 76
Kobaltblüte 76
Kobaltglanz 42
Kobaltkies 42
Kobaltmanganerz . 68
Kobaltin s. Cobaltin
Komarit 92
Kongsbergit 38
Koppit 74, 144
Korund 166
Kraurit 84, 94
Krokoit.......... 84
Kryolith 120
Kunzit........... 154
Kupfer 30
Kupferglanz.....50, 56
Kupferglimmer ... 90
Kupferindig 68
Kupferkies 34
Kupferlasur 100
Kupferpecherz ... 70
Kupferschaum ... 90
Kupferschwärze .. 68
Kupferuranglimmer 88
Kupfervitriol 108
Kupferwismutglanz 38, 46
Kyanit 138
Kylindrit 46

L

Labrador......... 152
Lapislazuli 100
Lasurit 100
Laumontit 120
Lazulith 138
Leadhillit 112
Lepidokrokit 88
Lepidolith 112
Leucit 144

Libethenit........ 94
Lichtes Rotgültigerz 78
Lievrit 70, 98
Limonit 72
Linarit........... 100
Linneit 42
Linsenerz 94
Lirokonit 94
Lithionglimmer ... 112
Lithionit 112
Lithiophilit 126
Livingstonit 30, 46
Löllingit 40
Loparit 68
Ludwigit......... 130
Luzonit 58

M

Magnesiaglimmer.. 114
Magnesit 128
Magneteisenerz ... 60
Magnetit 60
Magnetkies 34
Magnoferrit 62
Malachit 94
Malakolith 146
Manganblende ...58, 94
Manganepidot 80
Manganit 52, 58
Mangankies 78
Manganspat 128
Margarit 130
Marialith 142
Markasit 36
Maucherit 42
Meerschaum 110
Mejonit 142
Melaconit 68
Melanglanz 50, 56
Melanit 160
Melanterit 108
Melilith 138
Mellit 114
Melnikovit 37
Menilit........... 131
Mennige 82
Mesitinspat 124
Messingblüte 98
Miargyrit 46, 58
Mikroklin 150
Milarit........... 144
Millerit 34
Mimetesit 120
Mirabilit 106
Misy............ 82
Mizzonit 142
Mollit........... 138
Molybdänglanz ... 44
Molybdänit 44
Monazit 132
Monticellit 138
Montmorillonit.... 104
Morganit......... 164
Mottramit 84
Muscovit......... 114

N

Nadeleisenerz 72
Nagyagit 44, 56
Nakrit........... 104
Natrolith 134
Natronfeldspat.... 150
Natronmesotyp ... 134
Natronitrit 108
Natronsalpeter ... 108
Nephelin 144
Nephrit 148
Neptunit......... 74
Newjanskit....... 74
Nickelblüte 88, 110
Nickelglanz....... 52
Nickelin 30
Nickelpyrit....... 32
Nigrin 64
Niobit 62, 74
Nontronit 80
Nosean 140
Noumeait 92

O

Oligoklas 152
Olivenit.......... 84
Olivin 158
Omphacit 148
Opal............. 130
Orangit 74, 88
Orthit 74, 144
Orthoamphibol ... 148
Orthoklas 150
Orthopyroxene.... 144
Osmiridium 44
Osmit 44
Ottrelith 152
Oxalit 80

P

Pandermit 120
Paragonit 112
Pargasit 150
Patrinit.......... 48
Patronit 68
Pearceit.......... 56
Pechblende....... 68
Pektolith......... 134
Pentlandit 32
Pennin.........90, 114
Peridot 158
Periklas 142
Periklin.......... 150
Perlglimmer 130
Perowskit 68, 136
Petalit........... 154
Petzit 48, 56
Pharmakolith 110
Pharmakosiderit .84, 92
Phenakit......... 164
Phillipsit 134
Phlogopit 114
Pholerit 104
Phosgenit 118
Phosphorit 132
Phosphorochalcit.. 96
Picotit........... 76
Piemontit 80
Pimelit 93
Pistazit.......... 156
Pistomesit........ 124
Pittinit 92
Pittizit 84
Plagioklase 150
Plagionit......... 48
Platin 40
Pleonast 98
Polianit.......... 54
Polianitpyrolusit .. 54
Pollucit 154
Polybasit 56
Polydimit 43
Polyhalit......... 116
Powellit.......... 118
Prehnit 156
Priceit 120
Prochlorit 90
Proustit.......... 78
Pseudobrookit 78
Pseudomalachit .. 96
Psilomelan 70, 74
Pucherit 86
Pumpellyit 138
Pyknit 164
Pyrargyrit 50, 78
Pyrit 36
Pyrochlor 72
Pyrolusit 54
Pyromorphit 120
Pyrop 160
Pyrophyllit 106
Pyrostilpnit 78
Pyroxene 96
Pyrrhotin 34

Q

Quarz 158
Quecksilber 36
Quecksilberfahlerz........... 52, 58
Quecksilberhornerz 106

R

Rädelerz 51
Rammelsbergit ... 54
Rauchquarz 158
Realgar 80
Rhätizit 138
Rhodochrom 115
Rhodochrosit 128
Rhodonit 140
Roepperit 140
Roscoelith........ 92
Rotbleierz 84
Roteisenerz....... 78
Roter Glaskopf .. 78
Rotgültigerze ...50, 78
Rotkupfererz 78
Rotnickelkies 30
Rotspießglanz 76
Rotzinkerz 86
Rubellit.......... 160
Rubin 166
Rubinglimmer 88
Rutil 64, 76, 88, 152

S

Safflorit 54
Sagenit s. Rutil
Salit............. 146
Salmiak.......... 106
Samarskit........ 74
Sanidin 150
Sapphir 166
Sassolin 104
Schapbachit 56
Scheelit.......... 128
Schörl 160
Schrifterz 38, 46
Schuchardtit 92
Schwarzer Glaskopf 74
Schwazit........52, 58
Schwefel 80, 106
Schwefelkies 36
Schwerspat 116
Seladonit 90
Senarmontit...... 106
Sepiolith 110
Sericit 115
Serpentin 110
Siderit........... 124
Siderogel......... 72
Silber........... 38
Silberantimonglanz 46
Silberfahlerz...... 52
Silberglanz......46, 56
Silberkies 32
Sillimanit 154
Sitaparit......... 62
Skapolithe 142
Skolezit.......... 134
Skorodit 126
Skutterudit 44
Smaltin 42
Smaragd 164
Smaragdit 148
Smirgel 166
Smithsonit 128
Sodalith 140
Sonnenstein 152
Spateisenstein 124

Speckstein 104
Specularit.......64, 78
Speerkies 36
Speiskobalt....... 42
Sperrylith 44
Spessartin 160
Sphärosiderit..... 125
Sphalerit ...70, 86, 126
Sphen 142
Spinell 164
Spodumen 154
Sprödglimmer 152
Sprudelstein...... 123
Staffelit.......... 133
Stainerit 70
Stannin.........32, 52
Staßfurtit........ 165
Staurolith........ 164
Steatit 104
Steinmark........ 104
Steinsalz 110
Stephanit 50, 56
Sternbergit........ 32
Stibarsen 40
Stibiopalladinit ... 40
Stibnit........... 46
Stilbit 126
Stilpnosiderit 72
Stolzit 118
Strahlenblende
s. Wurtzit 72
Strahlerz 92
Strahlstein 148
Strengit......... 126
Strontianit 122
Struvit 110
Sylvanit 38, 46
Sylvin 112
Sysserskit 44

T

Tachyhydrit...... 106
Talk 104
Tantalit.........62, 74
Teallit 46
Tellur 36
Tellursilber....... 48
Tellurwismut 38
Tennantit 52
Temiskamit 42
Tenorit 68
Tephroit 140
Terlinguait 82
Tesseralkies 44
Tetradymit 38, 46
Tetraedrit.......52, 58
Thenardit 112
Thomsonit 140
Thorit 74, 88
Thortveitit 154
Thulit 156
Thuringit 90
Titaneisenerz 62, 70
Titanit........... 142
Topas 164
Torbernit 88
Tremolit 148
Tridymit......... 158
Triphylin 126
Triplit 86, 128
Trögerit.......... 82
Troostit 140
Tschermigit 108
Tungstein 128
Türkis 138
Turmalin......... 160
Turnerit 132

U

Ulexit 104
Ullmannit........ 54
Uranglimmer 82
Uraninit 68
Uranit 82
Uranocircit...... 90
Uranocker........ 80
Uranophan 82
Uranospinit 82
Uranotil 82
Uranpecherz 68
Uwarowit 98, 160

V

Valentinit 110
Vanadinit 84, 118
Variscit 132
Vesuvian 156
Vivianit........98, 112
Volborthit........ 84
Vredenburgit 64

W

Wad............. 70
Wagnerit......... 130
Walpurgin 86
Wavellit 120
Weichmanganerz .. 54
Weißbleierz 118
Weißnickelkies ... 42
Weißspießglanz ... 110
Wernerit 142
Willemit 140
Whewellit 114
Wismut.......... 36
Wismutglanz 38
Wismutocker 124
Witherit 124
Wolframit 60, 72
Wolfsbergit....... 52
Wollastonit....... 130
Würfelerz 84, 92
Würfelzeolithe .130, 134
Wulfenit 118
Wurtzit.......... 72

X

Xenotim 88

Z

Zeolithe s. die Vertreter
Zeunerit 88
Zinckenit 48
Zinkblende .. 58, 70, 86, 126
Zinkblüte 112
Zinkit 86
Zinkspat 128
Zinkspinell 166
Zinkvitriol 108
Zinnerz s. Zinnstein
Zinnkies 32, 52
Zinnober 76
Zinnstein....64, 76, 154
Zinnwaldit 112
Zippeit 80
Zirkon 160
Zoisit............ 156

FSC
www.fsc.org
MIX
Papier | Fördert
gute Waldnutzung
FSC® C083411

Kolibri 360 GmbH
Ferdinand-Jühlke-Straße 7
99095 Erfurt, Deutschland
produktsicherheit@kolibri360.de